ローレンツ-ミンコフスキーの幾何学 Ⅰ

―1+1 次元の世界―

ミンコフスキー平面の幾何

井ノ口 順一 著

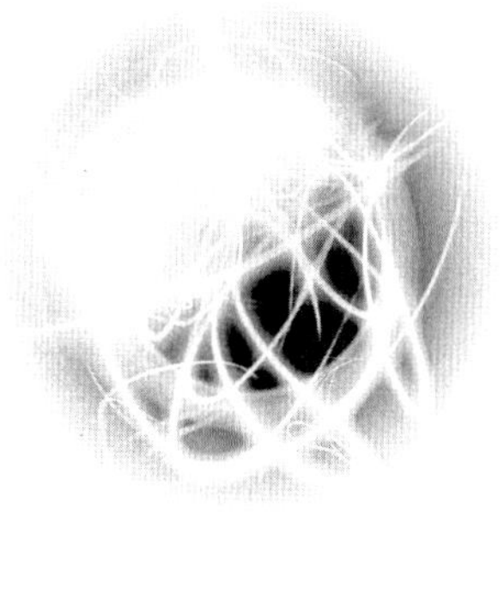

現代数学社

はじめに

この本は「ローレンツ-ミンコフスキーの幾何学」と題する全３巻の１作目です．このシリーズは２つの目的で書かれています．１つはミンコフスキー幾何学という幾何学への入門，そしてもう１つは意欲的な高校生，大学生，数学愛好家へ向けた「数学の研究をしてみよう」というよびかけです．まず最初の目的を説明します．

数平面（座標平面）内の２本のベクトル $\boldsymbol{x} = (x_1, x_2), \boldsymbol{y} = (y_1, y_2)$ の内積は

$$\boldsymbol{x} \cdot \boldsymbol{y} = x_1 y_1 + x_2 y_2 \tag{1}$$

で与えられます．数平面に式 (1) で定まる内積（Euclidean inner product）を指定したものをユークリッド平面とよび $\mathbb{E}^2$ と表記します．

内積の式に細工をして

$$\langle \boldsymbol{x}, \boldsymbol{y} \rangle = x_1 y_1 - x_2 y_2 \tag{2}$$

と変更してみましょう．ふつうの内積 (1) と区別するために記号 $\langle \cdot, \cdot \rangle$ を使います．$\langle \boldsymbol{x}, \boldsymbol{y} \rangle$ を $\boldsymbol{x}$ と $\boldsymbol{y}$ のミンコフスキー内積とよびます．ふつうの内積に代えてミンコフスキー内積を指定した数平面のことをミンコフスキー平面とよび $\mathbb{L}^2$ で表します．

1905 年にアインシュタイン（A. Einstein）がのちに**特殊相対性理論**（special theory of relativity）とよばれる物理学の理論を発表しました．ミンコフスキー平面やミンコフスキー内積は 1908 年にミンコフスキー（H. Minkowski）が特殊相対性理論の数学的内容を説明するために導入したものです．内積の $+$ 符号を $-$ に変えただけですがユークリッド平面 $\mathbb{E}^2$ とミンコフスキー平面 $\mathbb{L}^2$ の幾何学はおどろくほど違った様相を呈します．この本では $\mathbb{L}^2$ の幾何を

$\mathbb{E}^2$ の幾何（つまりふつうの平面幾何）と比べながら解説していきます．とくに平面曲線の微分幾何学については最近得られた結果についても紹介します．

3巻シリーズの構成を述べておきます．

(1) 1＋1次元の世界：ミンコフスキー平面の幾何
(2) 1＋2次元の世界：ミンコフスキー空間の曲線と曲面
(3) 1＋3次元の世界：曲面から多様体・時空へ

「相対性理論を学ぶ上でリーマン幾何の知識が必要だよ」とよく言われるのですが，実際に使われるのはローレンツ幾何（ローレンツ多様体の幾何）であり，リーマン多様体と類似点もあるものの，著しく異なる点も多くあります．リーマン幾何を学ぶには，曲線・曲面の幾何から多様体論を経てリーマン幾何に至るのが標準的な学習課程です．このシリーズでは，曲線論・曲面論をミンコフスキー平面，3次元ミンコフスキー空間で展開し，（時間的）曲面論からローレンツ多様体に至る過程を提供します．第1巻（本書）はミンコフスキー平面 $\mathbb{L}^2$ の平面幾何と，平面曲線を解説し，第2巻では（次元を1つ上げ）3次元ミンコフスキー空間 $\mathbb{L}^3$ の幾何（直線と平面）および曲面の（微分）幾何を解説します．第3巻では4次元ミンコフスキー時空について解説しローレンツ多様体（一般相対性理論の舞台）への道筋をつけます．

このシリーズの具体的な構成は，第2の目的に大きな影響を受けていますので，第2の目的についても説明をしましょう．

数学を専攻する学科・コースでは卒業研究でゼミ形式でテキストをじっくりと読むことが標準的な教育方法です．就職活動，大学院受験，教育実習など，1年間をフルに使えるわけではないので，テキストを読み終え，独自の研究を始めるというのはなかなか難しいことが多いのです．そこで，「疑問を持とう」，「問題意識をもつには」，「自分の研究テーマを見つけるには」という助言を含んだ本を書いてみようと思い立ちました．

折よく，月刊雑誌『現代数学』に「ちょっと変った解析幾何．相対性理論の理解のために」のタイトルで本書の内容を連載する機会をいただきました

(2019 年 4 月号〜12 月号)．連載では，まず $\mathbb{E}^2$ の幾何を説明し，それをまねることから $\mathbb{L}^2$ の幾何を解説するスタイルで執筆しました．この連載原稿を元に，筑波大学大学院で，数学専攻（数学学位プログラム）前期課程 1 年生対象に「これまでの学習姿勢から研究姿勢へ変貌しよう」というテーマで半期の授業を行いました．この授業経験を連載記事に加え，本書へと練り上げました．あちこちに読者への研究課題を挙げてあります．これらのテーマに読者が取り組んでいただければ，幸いです．

参考文献一覧は 3 冊シリーズ共通にしました．またオープンアクセス可能な文献には **OA** を付記しました．

2021 年 12 月

井ノ口順一

目次

1 ミンコフスキー平面とは

1.1 数平面

平面に原点 O をとり座標系 (x_1, x_2) をとることで平面の点と実数の順序のついた組 (x_1, x_2) が 1 対 1 に漏れなく対応します．この対応で平面を実数の順序のついた組の全体

$$\mathbb{R}^2 = \{(x_1, x_2) \mid x_1, x_2 \in \mathbb{R}\}$$

と思うことができます．ここで $\mathbb{R}$ は実数全体を表します．$\mathbb{R}^2$ のことを**数平面**とよびます (図 1.1).

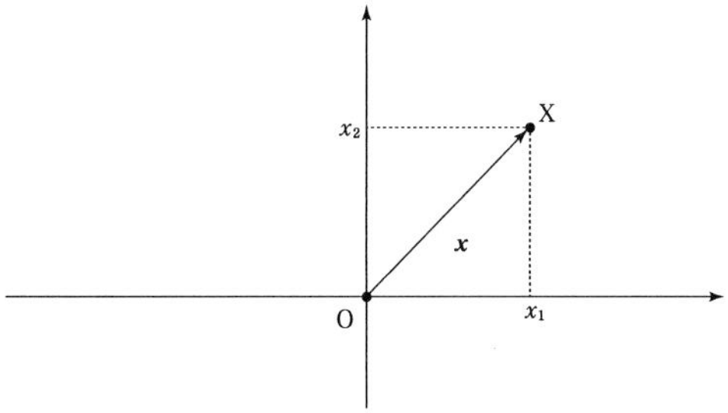

図 1.1　数平面

原点 O(0,0) を始点とする点 $\mathrm{X}(x_1, x_2)$ の位置ベクトルを

$$\boldsymbol{x} = \overrightarrow{\mathrm{OX}}$$

で表します (図 1.2). 点 X と位置ベクトル $\boldsymbol{x}$ は別の対象なのですが，厳密に区別をすると煩わしくなることがあります．そこで思い切って今後は点と位置ベクトルをいちいち区別しないで「点 $\boldsymbol{x}$」といったりします．そこで

$$\mathbb{R}^2 = \{\boldsymbol{x} = (x_1, x_2) \mid x_1, x_2 \in \mathbb{R}\}$$

のように書いてしまいます (図 1.2).

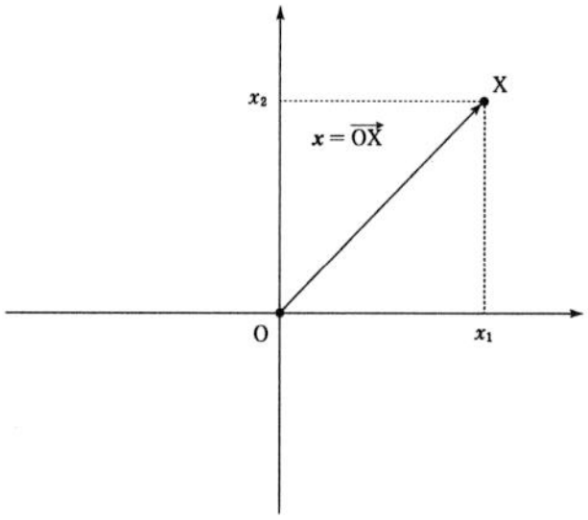

図 1.2　点と位置ベクトル

ときおり，点と位置ベクトルを区別した方がわかりやすいこともあります．そういう場合は点と位置ベクトルを区別して説明を行います．

本論に入る前にベクトルに関する基本概念を復習しておきましょう．

定義 1.1 $\mathbb{R}^2$ の 2 本のベクトル $\boldsymbol{a} \neq \boldsymbol{0}$ と $\boldsymbol{b} \neq \boldsymbol{0}$ においてスカラー $c \neq 0$ により $\boldsymbol{b} = c\boldsymbol{a}$ と表せるとき，これらは**線型従属**（または **1 次従属**）であるという．線型従属でないとき，これらは**線型独立**（または **1 次独立**）であるという．

ベクトル $\boldsymbol{a}_1, \boldsymbol{a}_2, \cdots, \boldsymbol{a}_k$ と実数（スカラー）$c_1, c_2, \cdots, c_k$ に対し

$$c_1\boldsymbol{a}_1 + c_2\boldsymbol{a}_2 + \cdots + c_k\boldsymbol{a}_k$$

で定まるベクトルを $\boldsymbol{a}_1, \boldsymbol{a}_2, \cdots, \boldsymbol{a}_k$ の**線型結合**（linear combination）とよびます．**1 次結合**ともよばれます．

2 本のベクトル $\boldsymbol{a}_1 \neq \boldsymbol{0}$ と $\boldsymbol{a}_2 \neq \boldsymbol{0}$ が線型従属であるときを再考しましょう．$\boldsymbol{a}_2 = c\boldsymbol{a}_1$ と表せることから

$$c\boldsymbol{a}_1 - 1\boldsymbol{a}_2 = \boldsymbol{0}$$

と書き直せます．この点に着目すると次の命題が得られます．

命題 1.1 2 本のベクトル $\boldsymbol{a}_1 \neq \boldsymbol{0}$ と $\boldsymbol{a}_2 \neq \boldsymbol{0}$ が線型従属であるための必要十分条件はスカラー c_1，c_2 に関する連立 1 次方程式

$$c_1\boldsymbol{a}_1 + c_2\boldsymbol{a}_2 = \boldsymbol{0} \tag{1.1}$$

が $c_1 = c_2 = 0$ 以外の解をもつことである．

【証明】 $\boldsymbol{a}_1, \boldsymbol{a}_2$ を $\boldsymbol{a}_1 = (a_{11}, a_{21}), \boldsymbol{a}_1 = (a_{12}, a_{22})$ と表すと連立 1 次方程式 $c_1\boldsymbol{a}_1 + c_2\boldsymbol{a}_2 = \boldsymbol{0}$ は

$$c_1(a_{11}, a_{21}) + c_2(a_{12}, a_{22}) = (0, 0),$$

すなわち

$$c_1a_{11} + c_2a_{12} = 0, \quad c_1a_{21} + c_2a_{22} = 0$$

である．
($\Leftarrow$) この連立 1 次方程式が $c_1 = c_2 = 0$ 以外の解をもつとする．c_1 と c_2 の少なくとも一方は 0 でない．たとえば $c_2 \neq 0$ のとき $c_1\boldsymbol{a}_1 + c_2\boldsymbol{a}_2 = \boldsymbol{0}$ の両辺に $1/c_2$ をかけると $(c_1/c_2)\boldsymbol{a}_1 + \boldsymbol{a}_2 = \boldsymbol{0}$，すなわち $\boldsymbol{a}_2 = (-c_1/c_2)\boldsymbol{a}_1$ を得る．
($\Rightarrow$) $\boldsymbol{a}_1 \neq \boldsymbol{0}$ と $\boldsymbol{a}_2 \neq \boldsymbol{0}$ が線型従属のとき，$\boldsymbol{a}_2 = c\boldsymbol{a}_1$（ただし $c \neq 0$）と表せるから，$c\boldsymbol{a}_1 - 1\boldsymbol{a}_2 = \boldsymbol{0}$ をみたす．すなわち (1.1) は $c_1 = c \neq 0$，$c_2 = -1 \neq 0$ という解をもつ． ■

$\mathbb{R}^2$ において，線型独立なベクトルの組 $\{\boldsymbol{a}_1, \boldsymbol{a}_2\}$ のことを $\mathbb{R}^2$ の**基底** (basis) とよびます．ただし基底においては**順序を区別する**ことに注意が必要です．つまり $\{\boldsymbol{a}_1, \boldsymbol{a}_2\}$ と $\{\boldsymbol{a}_2, \boldsymbol{a}_1\}$ は**異なる基底**です．とくに $\boldsymbol{e}_1 = (1, 0)$，$\boldsymbol{e}_2 = (0, 1)$ とおき $\mathcal{E} = \{\boldsymbol{e}_1, \boldsymbol{e}_2\}$ で定まる基底を $\mathbb{R}^2$ の**標準基底**（natural basis）とよびます．さて基底 $\mathcal{A} = \{\boldsymbol{a}_1, \boldsymbol{a}_2\}$ が与えられたとき各ベクトル $\boldsymbol{v}$ を

$$\boldsymbol{v} = u_1\boldsymbol{a}_1 + u_2\boldsymbol{a}_2$$

と分解できます（図 1.3 を見てください）．このとき (u_1, u_2) をベクトル $\boldsymbol{v}$ の基底 $\mathcal{A}$ に関する**座標**（coordinate）とよびます[*1]．

[*1] 極座標を含む一般の座標（曲線座標）と区別するために線型座標という言い方をすることもあります．**斜交座標**という名称も使われています．

ベクトル $\boldsymbol{v}$ を $\boldsymbol{v} = u_1\boldsymbol{a}_1 + u_2\boldsymbol{a}_2$ と表示する方法はただ1通りであることを確認しておきます.

$$\boldsymbol{v} = u_1\boldsymbol{a}_1 + u_2\boldsymbol{a}_2 = w_1\boldsymbol{a}_1 + w_2\boldsymbol{a}_2$$

と2通り表せたと仮定します．すると

$$(u_1 - w_1)\boldsymbol{a}_1 + (u_2 - w_2)\boldsymbol{a}_2 = \boldsymbol{0}$$

ですから $\{\boldsymbol{a}_1, \boldsymbol{a}_2\}$ が線型独立であることから

$$u_1 = w_1, \quad u_2 = w_2$$

が示されます．基底の定義に「線型独立性」を要請した理由が，納得できるでしょう.

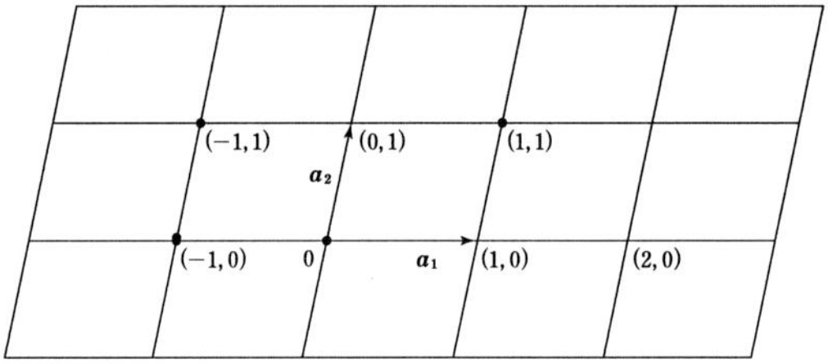

図 1.3　基底と線型座標

問題 1.1 $\boldsymbol{a}_1 = (1, -1)$, $\boldsymbol{a}_2 = (1, 1)$ とおく．基底 $\mathcal{A} = \{\boldsymbol{a}_1, \boldsymbol{a}_2\}$ に関する $\boldsymbol{v} = (2, 1)$ の座標をもとめよ.

1.2 ユークリッド平面

数平面 $\mathbb{R}^2$ 内のベクトル $\boldsymbol{x} = (x_1, x_2)$, $\boldsymbol{y} = (y_1, y_2)$ に対しその**内積**（inner product）$\boldsymbol{x} \cdot \boldsymbol{y}$ は

$$\boldsymbol{x} \cdot \boldsymbol{y} = x_1y_1 + x_2y_2 \tag{1.2}$$

で定義されます．あとで出てくるミンコフスキー内積と区別するために**ユークリッド内積**（Euclidean inner product）というよび方もします．また，長めの式で書かれるベクトルどうしの内積はドットだと見にくいことがあるため，

$$(\boldsymbol{x}|\boldsymbol{y}) = x_1 y_1 + x_2 y_2$$

という記法を使うこともあります[*2]．

数平面 $\mathbb{R}^2$ に内積 (1.2) を指定したものを**ユークリッド平面**（Euclidean n-plane）とよび $\mathbb{E}^2$ と表記します．

註 1.1 (数直線) 直線に原点 O をとり座標系 x を定めることで直線を実数全体 $\mathbb{R}$ と思うことができる．このとき $\mathbb{R}$ を**数直線**とよぶ．数直線 $\mathbb{R}$ においてもユークリッド内積が定義される．

$$x \cdot y = xy, \quad x, y \in \mathbb{R}$$

と定めればよい．数直線にユークリッド内積を指定したものを $\mathbb{E}^1$ と表記し**ユークリッド直線**とよぶ．

註 1.2 一般次元の数空間 $\mathbb{R}^n$ においてもユークリッド内積が考えられる．

$$\boldsymbol{x} \cdot \boldsymbol{y} = \sum_{i=1}^{n} x_i y_i. \tag{1.3}$$

$\mathbb{R}^n$ に (1.3) で定まる内積（Euclidean inner product）を指定したものを n 次元**ユークリッド空間**（Euclidean n-space）とよび $\mathbb{E}^n$ と表記する．

ユークリッド平面 $\mathbb{E}^2$ のベクトル $\boldsymbol{x} = (x_1, x_2)$ に対し，その**長さ** $\|\boldsymbol{x}\|$ を

$$\|\boldsymbol{x}\| = \sqrt{\boldsymbol{x} \cdot \boldsymbol{x}} = \sqrt{x_1^2 + x_2^2}$$

で定義します．またベクトルの長さを用いて 2 点間の距離を計測します．2 点 $\mathrm{P}(p_1, p_2), \mathrm{Q}(q_1, q_2)$ に対し，それぞれの位置ベクトル $\boldsymbol{p}, \boldsymbol{q}$ を用いて

$$\mathrm{d}(\mathrm{P}, \mathrm{Q}) = \|\boldsymbol{p} - \boldsymbol{q}\| = \sqrt{(p_1 - q_1)^2 + (p_2 - q_2)^2}$$

と定めます．$\mathrm{d}(\mathrm{P}, \mathrm{Q})$ を P と Q の**ユークリッド距離**（Euclidean distance）とよびます (図 1.4)．

[*2] 拙著のいくつかでは $\boldsymbol{x} \cdot \boldsymbol{y}$ を用いていますが $(\boldsymbol{x}|\boldsymbol{y})$ の方を多く用いています．

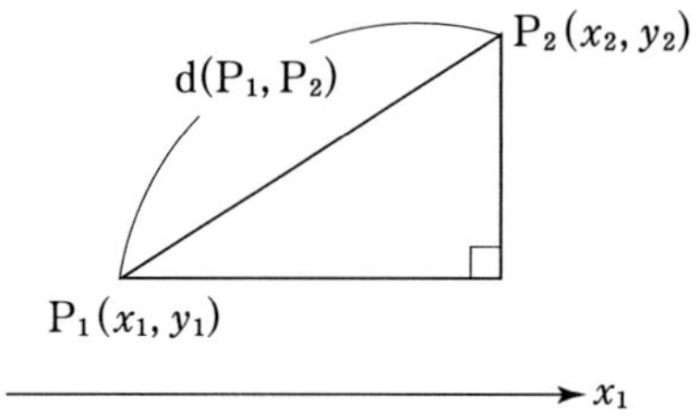

図 1.4 ユークリッド距離

数平面 $\mathbb{R}^2$ とユークリッド平面 $\mathbb{E}^2$ の違いを強調しておきましょう．数平面では「長さ」とか「距離」という概念が定められていないのです．ユークリッド内積を指定し，ユークリッド距離を定めて「長さ」や「距離」を考えることができるのです．またベクトルのなす角を定義できます．$\boldsymbol{v} \neq \boldsymbol{0}$ と $\boldsymbol{w} \neq \boldsymbol{0}$ に対し $\boldsymbol{v}$ と $\boldsymbol{w}$ のなす角 $\angle(\boldsymbol{v}, \boldsymbol{w})$ は

$$\cos\angle(\boldsymbol{v}, \boldsymbol{w}) = \frac{\boldsymbol{v}\cdot\boldsymbol{w}}{\|\boldsymbol{v}\|\,\|\boldsymbol{w}\|}, \quad 0 \leqq \angle(\boldsymbol{v}, \boldsymbol{w}) \leqq \pi \tag{1.4}$$

で定まります．とくに $\boldsymbol{v}\cdot\boldsymbol{w} = 0$ のとき，$\boldsymbol{v}$ と $\boldsymbol{w}$ は**直交する**といい $\boldsymbol{v} \perp \boldsymbol{w}$ と表記します．

基底を考える際にも「直交」という性質が意味をもちます．

定義 1.2 ユークリッド平面 $\mathbb{E}^2$ の基底 $\{\boldsymbol{u}_1, \boldsymbol{u}_2\}$ が $\boldsymbol{u}_1 \cdot \boldsymbol{u}_2 = 0$ をみたすとき**直交基底**（orthogonal basis）であるという．直交基底 $\{\boldsymbol{u}_1, \boldsymbol{u}_2\}$ がさらに $\|\boldsymbol{u}_1\| = \|\boldsymbol{u}_2\| = 1$ をみたすとき**正規直交基底**（orthonormal basis）とよぶ．正規直交基底に関する座標を**直交座標**（orthogonal coordinates）とよぶ[*3]．

【ひとこと】 平面に座標をとって $\mathbb{R}^2$ にした時点で直交座標が定まっているのでは？
こういう疑問をもった読者もおられるでしょう．ユークリッド平面をきちんと定義するのは，少々手間がかかります（アフィン空間の概念を必要とする）．正確な（そして厳密な）ユークリッド平面の定義は第3巻で行います．

[*3] 正規とは限らない直交基底に関する座標を「直交座標」，正規直交基底に関する座標を「正規直交座標」とよぶのがよさそうに思えますが，この用法が定着しているので，このように定義します．一般の基底に関する座標は**斜交座標**とよばれることがあります．

ユークリッド内積を使って定義できる平面図形を考察しましょう．実数 c に対し

$$\{\boldsymbol{x} = (x_1, x_2) \in \mathbb{E}^2 \mid \boldsymbol{x} \cdot \boldsymbol{x} = c\}$$

という集合を考えます．ユークリッド距離を用いると

$$\{\boldsymbol{x} \in \mathbb{E}^2 \mid \mathrm{d}(\boldsymbol{0}, \boldsymbol{x})^2 = c\}$$

と書き直せますから，原点からの距離の平方が c である点をすべて集めたものです．したがって $c < 0$ のとき空集合で，$c = 0$ のときは原点のみからなる集合 $\{\boldsymbol{0}\}$ です．$c = r^2 > 0$ のときは原点を中心とし半径が r の**円**（circle）：

$$\mathbb{S}^1(r) = \left\{ \boldsymbol{x} = (x_1, x_2) \in \mathbb{E}^2 \;\middle|\; \boldsymbol{x} \cdot \boldsymbol{x} = r^2 \right\}$$

です．$x_1^2 + x_2^2 = r^2$ をこの**円の方程式**とよびます．より一般に点 $\mathrm{C}(c_1, c_2)$ を中心とする半径 $r > 0$ の円を $\mathbb{S}^1(\mathrm{C}, r)$ または $\mathbb{S}^1(\boldsymbol{c}, r)$ で表します．

弧度法を復習しておきます．$\mathbb{E}^2$ の原点 $\mathrm{O}(0,0)$ から点 $\mathrm{R}_1(r, 0)$ に向けて引いた線分 OE_1 を基準にします．円周 $\mathbb{S}^1(r)$ 上の点 $\mathrm{X}(x_1, x_2)$ に対し線分 OR_1 から線分 OX へ向かう角を ϑ で表します．扇形 $\mathrm{OR}_1\mathrm{X}$ の間の角に向き（半時計まわりを正とする）をつけたものが ϑ です．この円周の長さは $2\pi r$ です．

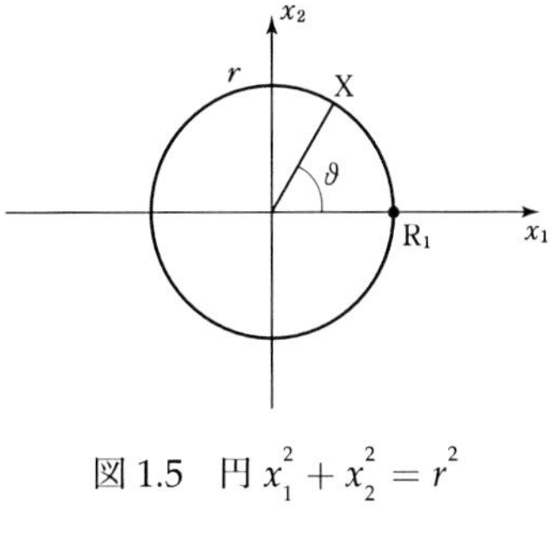

図 1.5　円 $x_1^2 + x_2^2 = r^2$

扇形 $\mathrm{OR}_1\mathrm{X}$ の弧の長さを求めます．これは角と半径で決まるので $s = s(r, \vartheta)$ と表記しましょう．$s(r, \vartheta)$ は比例式

$$360^\circ : 2\pi r = \vartheta^\circ : s(r, \vartheta)$$

より

$$s(r,\vartheta) = (2\pi r) \cdot \frac{\theta^\circ}{360^\circ}$$

と求められます．この式から角の単位を度数から

$$1\text{ ラジアン} = \frac{360^\circ}{2\pi} = \frac{180^\circ}{\pi}$$

に換えるのが便利だと気づきます．ラジアンを使って角を表す方式が**弧度法**です．弧度法を用いると扇形 $\mathrm{OR_1X}$ の弧の長さ $s(r,\vartheta)$ は

$$s(r,\vartheta) = r\vartheta$$

と表せます．

円周 $\mathbb{S}^1(r)$ 上の点 $\mathrm{X}(x_1, x_2)$ の座標を

$$x_1 = r\cos\vartheta, \quad x_2 = r\sin\vartheta, \quad 0 \leqq \vartheta < 2\pi \tag{1.5}$$

と表すことで，余弦函数 cos，正弦函数 sin が導入されたことを思い出してください．三角比の正弦，余弦，正接を数直線 $\mathbb{R}$ 上の周期函数に拡張したものが正弦函数 sin，余弦函数 cos，正接函数 tan です．しかしこれらの函数は**円周**（単位円）**で定義された函数**と考えるのが適切なのです．

ともかく $\mathbb{S}^1(r)$ は (1.5) と径数表示（媒介変数表示）できます．

円周 $\mathbb{S}^1(r)$ の径数表示をもう少し詳しく調べます．扇形 $\mathrm{OR_1X}$ の**符号付面積**（signed area）を求めてみます．符号付面積というのは $x_2 > 0$ のとき $+$，x_2 のとき $-$ の符号を面積につけた量のことです．**有向面積**ともよびます．符号付面積を $\mathsf{S} = \mathsf{S}(r,\vartheta)$ とすると比例式

$$360^\circ : \pi r^2 = \vartheta^\circ : \mathsf{S}(r,\vartheta)$$

より

$$\mathsf{S}(r,\vartheta) = (\pi r^2) \cdot \frac{\vartheta^\circ}{360^\circ}.$$

これは弧の長さ s または ϑ を使うと

$$\mathsf{S}(r,\vartheta) = \frac{1}{2} rs = \frac{1}{2} r^2 \vartheta$$

と表せることに注意します.

とくに単位円 $x_1^2 + x_2^2 = 1$ の場合は $\mathsf{S} = \mathsf{S}(1, \vartheta) = \vartheta/2$ ですから

$$x_1 = \cos(2\mathsf{S}), \quad x_2 = \sin(2\mathsf{S}), \quad 0 \leqq \mathsf{S} \leqq \pi \tag{1.6}$$

と書き直せます. つまり角の代わりに「扇形の面積」を径数に使うことができます. この見方はあとでミンコフスキー平面の考察で役立ちます.

この考え方をもう少し発展させます. 単位円 $x_1^2 + x_2^2 = 1$ において $\mathrm{E}_1(1,0)$ とおきます. また, この円上の点 $\mathrm{X}(x_1, x_2)$ に対し扇形 $\mathrm{OE}_1\mathrm{X}$ の符号付面積 S を定積分で求めてみましょう. 簡単のため X は第 1 象限内の点とします. すなわち $x_1 \geqq 0$ かつ $x_2 \geqq 0$ をみたす点とします (図 1.6).

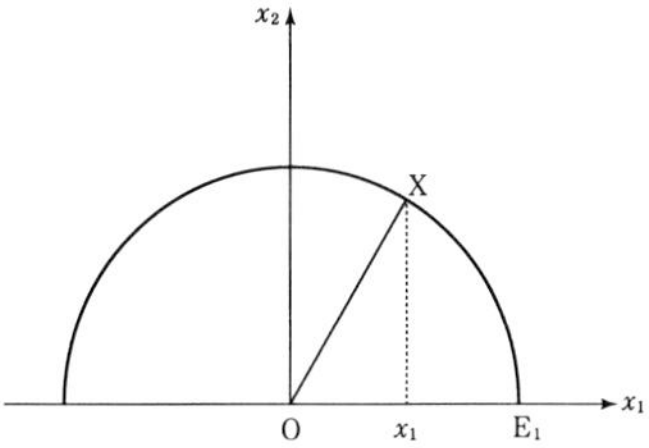

図 1.6

すると

$$\mathsf{S} = \frac{x_1 x_2}{2} + \int_{x_1}^{1} \sqrt{1 - x^2}\, \mathrm{d}x.$$

ここで部分積分を使って次のように計算します.

$$
\begin{aligned}
\int \sqrt{1-x^2}\,\mathrm{d}x =& \int (x)'\sqrt{1-x^2}\,\mathrm{d}x \\
=& x\sqrt{1-x^2} - \int x\left(\sqrt{1-x^2}\right)'\mathrm{d}x \\
=& x\sqrt{1-x^2} - \int x\,\frac{(-x)}{\sqrt{1-x^2}}\,\mathrm{d}x \\
=& x\sqrt{1-x^2} - \int_{x_1}^{1} \frac{(1-x^2)-1}{\sqrt{1-x^2}}\,\mathrm{d}x \\
=& x\sqrt{1-x^2} - \int \sqrt{1-x^2}\,\mathrm{d}x + \int \frac{\mathrm{d}x}{\sqrt{1-x^2}}.
\end{aligned}
$$

この計算より

$$
\int \sqrt{1-x^2}\,\mathrm{d}x = \frac{x}{2}\sqrt{1-x^2} + \frac{1}{2}\int \frac{\mathrm{d}x}{\sqrt{1-x^2}}
$$

が得られます．この結果を利用すると

$$
\mathsf{S} = \frac{1}{2}\int_{x_1}^{1} \frac{\mathrm{d}x}{\sqrt{1-x^2}}
$$

が導けました．そこで函数 $f(x)$ を

$$
f(x) = \int_0^x \frac{\mathrm{d}x}{\sqrt{1-x^2}}, \quad -1 \leqq x \leqq 1
$$

で定義します．$y = f(x)$ の逆函数は $x = f^{-1}(y) = \sin y$ であることを確かめてください．$y = f(x)$ は正弦函数 sin の逆函数（主値）であり

$$
f(x) = \sin^{-1} x
$$

と表されます．扇形の符号付面積は

$$
\mathsf{S} = \frac{1}{2}\Big[f(x)\Big]_{x_1}^{1} = \frac{\sin^{-1}1 - \sin^{-1}x_1}{2} = \frac{\frac{\pi}{2} - \sin^{-1}x_1}{2} = \frac{1}{2}\cos^{-1}x_1 = \frac{\vartheta}{2}
$$

となり，確かに正しい値です．

ここまでの計算にはどういう意味や意義があったのかを改めて考えます．単位円の径数表示において角の代わりに扇形の面積を径数として使えることを確

認しました．さらに扇形の面積から $\sin^{-1}$ が登場すること．$\sin^{-1}$ の逆函数として sin が定義できることがわかりました．そして余弦函数の逆函数を

$$\cos^{-1} x = 2S$$

と扇形の面積で定義できたことに着目してください．逆函数をとることで余弦函数 cos にたどり着きました．1.5 節では，この議論がお手本になります．

式の見栄えをよくするために $\sigma = 2S$ とおき，**扇度**（sectorial measure）とよぶことにしましょう (図 1.7). 単位円を扇度を使って

$$x_1 = \cos\sigma, \quad x_2 = \sin\sigma, \quad 0 \leqq \sigma < 2\pi$$

と表示できます．扇度とわざわざ名称をつけたものの，実は $\sigma = \vartheta$ ですから，「なんでわざわざ命名したの？」という疑問も出ているでしょう．ユークリッド平面では弧長 s，角 ϑ と扇度 σ はすべて一致します．一方，ミンコフスキー平面では扇度が積極的な意味をもつのです．

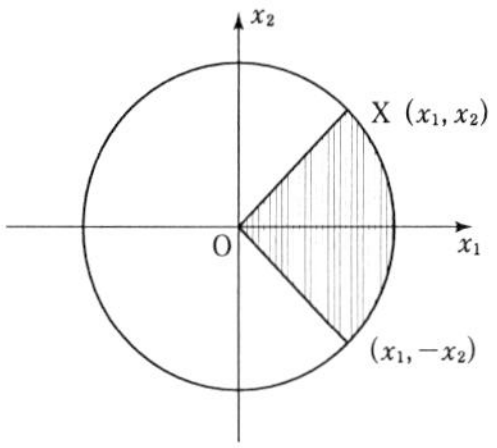

図 1.7　単位円 $x_1^2 + x_2^2 = 1$ と扇度

1.3　回転と 1 次変換

さて，原点を中心として点を回転する操作を考察しておきましょう．点 $\mathrm{X}(x_1, x_2)$ を原点を中心として回転角 θ だけ回転して得られる点を $\mathrm{Y}(y_1, y_2)$ とします．$\boldsymbol{x} = \overrightarrow{\mathrm{OX}}$，$\boldsymbol{y} = \overrightarrow{\mathrm{OY}}$ とおきます．$\boldsymbol{y}$ の成分を求めてみましょう．$r = \sqrt{x_1^2 + x_2^2}$ とおき，$\boldsymbol{x}$ が x_1 軸となす角を ψ とすると

$$\boldsymbol{x} = r(\cos\psi, \sin\psi)$$

と表せます．すると $\boldsymbol{y}$ は長さが r で x_1 軸となす角は $\psi+\theta$ なので

$$\boldsymbol{y}=r(\cos(\psi+\theta),\sin(\psi+\theta))$$

と表せます．三角函数の加法定理を使うと

$$\begin{aligned}
y_1 &= r\cos(\psi+\theta) = r\left(\cos\theta\cos\psi-\sin\theta\sin\psi\right)\\
&= \cos\theta(r\cos\psi)-\sin\theta(r\sin\psi) = (\cos\theta)x-(\sin\theta)y,\\
y_2 &= r\sin(\psi+\theta) = r\left(\sin\theta\cos\psi+\cos\theta\sin\psi\right)\\
&= \sin\theta(r\cos\psi)+\cos\theta(r\sin\psi) = (\sin\theta)x+(\cos\theta)y
\end{aligned}$$

を得ます．

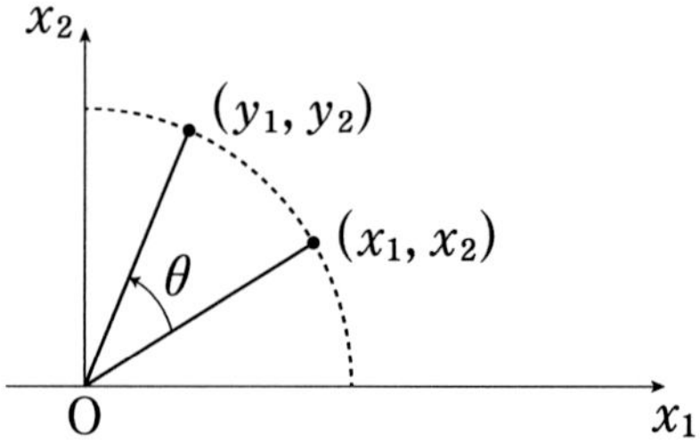

図 1.8 回転

この結果をきれいにまとめるために行列（ぎょうれつ）を用います．

実数を並べた表にカッコをつけたものを**行列**（matrix）とよびます．並べられた実数のことを，その行列の**成分**といいます．たとえば

$$A=\begin{pmatrix}1 & 2\\ 3 & 4\end{pmatrix}\quad \begin{matrix}\text{第1行}\\ \text{第2行}\end{matrix}$$

第1列　第2列

のようなものです．ヨコの並びを**行**（row），タテの並びを**列**（column）とよびます．例として挙げた A は行が2本，列が2本なので，A は 2×2 行列とか $(2,2)$ 型であると言い表します．A は**2次行列である**とも言い表します．このような行列の全体を $\mathrm{M}_2\mathbb{R}$ で表します．

$$\mathrm{M}_2\mathbb{R} = \left\{ A = \begin{pmatrix} a_{11} & a_{12} \\ a_{21} & a_{22} \end{pmatrix} \middle| \ a_{11}, a_{12}, a_{21}, a_{22} \in \mathbb{R} \right\}$$

たとえば a_{12} のことを A の 1,2 **成分** (1,2-entry) とか (1,2) **成分**とよびます.

定義 1.3 2 つの行列 $A \in \mathrm{M}_2\mathbb{R}$ と $B \in \mathrm{M}_2\mathbb{R}$ が**等しい**とは, A と B のすべての成分が一致することをいい, $A = B$ と記す.

数平面の点 $\mathrm{X}(x_1, x_2)$ の位置ベクトル $\boldsymbol{x} = \overrightarrow{\mathrm{OX}} = (x_1, x_2)$ を 2 行 1 列の行列

$$\boldsymbol{x} = \begin{pmatrix} x_1 \\ x_2 \end{pmatrix}$$

と考え, 行列 A と $\boldsymbol{x}$ の積を次のように定めます.

$$A = \begin{pmatrix} a_{11} & b_{12} \\ a_{21} & a_{22} \end{pmatrix} \in \mathrm{M}_2\mathbb{R}$$

に対し

$$A\boldsymbol{x} = \begin{pmatrix} a_{11} & a_{12} \\ a_{21} & a_{22} \end{pmatrix} \begin{pmatrix} x_1 \\ x_2 \end{pmatrix} = \begin{pmatrix} a_{11}x_1 + a_{12}x_2 \\ a_{21}x_1 + a_{22}x_2 \end{pmatrix}.$$

こう定めるとベクトル $\boldsymbol{x}, \boldsymbol{y}$ と実数 c に対し

$$A(\boldsymbol{x} + \boldsymbol{y}) = A\boldsymbol{x} + A\boldsymbol{y}, \quad A(c\boldsymbol{x}) = cA\boldsymbol{x}$$

が成立します (確かめてください).

この取り決めにより回転を次のように表すことができます.

命題 1.2 原点を中心とし回転角が θ の回転により点 (x_1, x_2) の位置ベクトル $\boldsymbol{x}$ は

$$\begin{pmatrix} \cos\theta & -\sin\theta \\ \sin\theta & \cos\theta \end{pmatrix} \begin{pmatrix} x_1 \\ x_2 \end{pmatrix}$$

に写る.

行列とベクトルの積をもとに**行列どうしの積**を次の要領で定めます.

行列の積

$$A = \begin{pmatrix} a_{11} & a_{12} \\ a_{21} & a_{22} \end{pmatrix}, \quad B = \begin{pmatrix} b_{11} & b_{12} \\ b_{21} & b_{22} \end{pmatrix}$$

に対し

$$AB = \begin{pmatrix} a_{11} & a_{12} \\ a_{21} & a_{22} \end{pmatrix} \begin{pmatrix} b_{11} & b_{12} \\ b_{21} & b_{22} \end{pmatrix} = \begin{pmatrix} a_{11}b_{11} + a_{12}b_{21} & a_{11}b_{12} + a_{12}b_{22} \\ a_{21}b_{11} + a_{22}b_{21} & a_{21}b_{12} + a_{22}b_{22} \end{pmatrix}$$

と定める．

行列は「ベクトルを並べたもの」と考えることもできます．行列

$$A = \begin{pmatrix} a_{11} & a_{12} \\ a_{21} & a_{22} \end{pmatrix}$$

を

$$A = (\boldsymbol{a}_1 \ \boldsymbol{a}_2), \quad \boldsymbol{a}_1 = \begin{pmatrix} a_{11} \\ a_{21} \end{pmatrix}, \quad \boldsymbol{a}_2 = \begin{pmatrix} a_{12} \\ a_{22} \end{pmatrix} \tag{1.7}$$

と，$\boldsymbol{a}_1$，$\boldsymbol{a}_2$ をこの順に並べたものと考えることができます．表示式 (1.7) を行列 A の**列ベクトル表示**とよびます．列ベクトル表示を用いると積 AB は

$$AB = A(\boldsymbol{b}_1 \ \boldsymbol{b}_2) = (A\boldsymbol{b}_1 \ A\boldsymbol{b}_2)$$

と書き直せることを注意しておきます．

3つの行列について**結合法則**：

$$(AB)C = A(BC)$$

が成立することを確かめてください．

行列では積の順序を交換できないことに注意が必要です．たとえば $A = \begin{pmatrix} 1 & 2 \\ 3 & 4 \end{pmatrix}$ と $B = \begin{pmatrix} 5 & 6 \\ 7 & 8 \end{pmatrix}$ に対し

$$AB = \begin{pmatrix} 1 & 2 \\ 3 & 4 \end{pmatrix} \begin{pmatrix} 5 & 6 \\ 7 & 8 \end{pmatrix} = \begin{pmatrix} 19 & 22 \\ 43 & 50 \end{pmatrix},$$

$$BA = \begin{pmatrix} 5 & 6 \\ 7 & 8 \end{pmatrix} \begin{pmatrix} 1 & 2 \\ 3 & 4 \end{pmatrix} = \begin{pmatrix} 23 & 34 \\ 31 & 46 \end{pmatrix}$$

なので $AB \neq BA$. さて，ここで

$$E = \begin{pmatrix} 1 & 0 \\ 0 & 1 \end{pmatrix}$$

とおき，これを（2次の）**単位行列**（unit matrix）とよびます．どんな2次行列 A に対しても $AE = EA = A$ をみたすのでこの名称でよばれています．

行列 A の逆数に相等するものを定めておきます．

定義 1.4 行列 $A \in \mathrm{M}_2\mathbb{R}$ に対し $AX = XA = E$ をみたす行列 $X \in \mathrm{M}_2\mathbb{R}$ が存在するとき A は**正則**（non-singular，invertible）であるという．X を A の**逆行列**（inverse matrix）とよび A^{-1} で表す．

命題 1.3 行列 $A = \begin{pmatrix} a_{11} & a_{12} \\ a_{21} & a_{22} \end{pmatrix}$ が逆行列 A^{-1} をもつための必要十分条件は $a_{11}a_{22} - a_{12}a_{21} \neq 0$ であり

$$A^{-1} = \frac{1}{a_{11}a_{22} - a_{12}a_{21}} \begin{pmatrix} a_{22} & -a_{12} \\ -a_{21} & a_{11} \end{pmatrix} \tag{1.8}$$

で与えられる．

【証明】

$$\begin{pmatrix} a_{11} & a_{12} \\ a_{21} & a_{22} \end{pmatrix} \begin{pmatrix} a_{22} & -a_{12} \\ -a_{21} & a_{11} \end{pmatrix} = (a_{11}a_{22} - a_{12}a_{21})E,$$
$$\begin{pmatrix} a_{22} & -a_{12} \\ -a_{21} & a_{11} \end{pmatrix} \begin{pmatrix} a_{11} & a_{12} \\ a_{21} & a_{22} \end{pmatrix} = (a_{11}a_{22} - a_{12}a_{21})E$$

より． ■

ここで次の定義を行います．

定義 1.5 行列 $A = \begin{pmatrix} a_{11} & a_{12} \\ a_{21} & a_{22} \end{pmatrix}$ に対し

$$\det A = \begin{vmatrix} a_{11} & a_{12} \\ a_{21} & a_{22} \end{vmatrix} = a_{11}a_{22} - a_{12}a_{21}$$

と定め A の**行列式**（determinant）とよぶ．また

$$\mathrm{tr}\, A = \mathrm{tr} \begin{pmatrix} a_{11} & a_{12} \\ a_{21} & a_{22} \end{pmatrix} = a_{11} + a_{22}$$

と定め A の**固有和**（trace）とよぶ．

行列式の基本的な性質を述べます．

命題 1.4 2 本のベクトル $\boldsymbol{a}_1$ と $\boldsymbol{a}_2$ に対し

$$\boldsymbol{a}_1 \mathbin{/\!/} \boldsymbol{a}_2 \iff \det(\boldsymbol{a}_1\ \boldsymbol{a}_2) = 0.$$

【証明】 $\boldsymbol{a}_1 = (a_{11}, a_{21})$，$\boldsymbol{a}_2 = (a_{12}, a_{22})$ に対し

$$\det(\boldsymbol{a}_1\ \boldsymbol{a}_2) = 0 \iff a_{11}a_{22} = a_{12}a_{21} \iff a_{11} : a_{12} = a_{21} : a_{22}$$

より． ■

次の用語も必要になります．

定義 1.6 行列 $A = \begin{pmatrix} a_{11} & a_{12} \\ a_{21} & a_{22} \end{pmatrix}$ に対し ${}^tA = \begin{pmatrix} a_{11} & a_{21} \\ a_{12} & a_{22} \end{pmatrix}$ で行列 ${}^tA$ を定め A の**転置行列**（transposed matrix）という[*4]．

転置行列を使った次の公式もあとで用います．

命題 1.5 $A \in \mathrm{M}_2\mathbb{R}$ とベクトル $\boldsymbol{x}, \boldsymbol{y}$ に対し

$$(A\boldsymbol{x}) \cdot \boldsymbol{y} = \boldsymbol{x} \cdot ({}^tA\boldsymbol{y}). \tag{1.9}$$

[*4] 転置行列の記法は本によって異なるので，他の本を読むときは注意してください．A^t，A^T，A' 等．

$A, B \in \mathrm{M}_2\mathbb{R}$ に対し

$$ {}^t(AB) = {}^tB\,{}^tA. \tag{1.10} $$

問題 1.2 公式 (1.9) と (1.10) を確かめよ．

ベクトルの内積の計算を「行列の積」と考えることができます．ベクトル $\boldsymbol{x}$ を 2 行 1 列の行列と考え，その転置行列 ${}^t\boldsymbol{x}$ を

$$ {}^t\boldsymbol{x} = (x_1 \ \ x_2), \quad \boldsymbol{x} = \begin{pmatrix} x_1 \\ x_2 \end{pmatrix} $$

で定義します．すると

$$ {}^t\boldsymbol{x}\boldsymbol{y} = (x_1 \ \ x_2)\begin{pmatrix} y_1 \\ y_2 \end{pmatrix} = x_1y_1 + x_2y_2 = \boldsymbol{x}\cdot\boldsymbol{y} $$

と計算されます．

$$ \boldsymbol{x}\cdot\boldsymbol{y} = {}^t\boldsymbol{x}\boldsymbol{y} \tag{1.11} $$

も，今後よく使う公式です．また $A \in \mathrm{M}_2\mathbb{R}$ とベクトル $\boldsymbol{x}$ に対し

$$ {}^t(A\boldsymbol{x}) = {}^t\boldsymbol{x}\,{}^tA \tag{1.12} $$

が成り立ちます．

問題 1.3 次の公式を確かめよ．
(1) $A,\ B \in \mathrm{M}_2\mathbb{R}$ に対し $\det(AB) = \det A \det B,\ \mathrm{tr}(AB) = \mathrm{tr}(BA)$.
(2) $A \in \mathrm{M}_2\mathbb{R}$ に対し $\det({}^tA) = \det A$.

2 つの 2 次行列に対し積を考えてきたのですが，**和**と**差**も考えておく必要があります．$A, B \in \mathrm{M}_2\mathbb{R}$ の和 $A+B$ と差 $A-B$ を次で定義します．

$$ A = \begin{pmatrix} a_{11} & a_{12} \\ a_{21} & a_{22} \end{pmatrix}, \quad B = \begin{pmatrix} b_{11} & b_{12} \\ b_{21} & b_{22} \end{pmatrix} $$

に対し

$$ A+B = \begin{pmatrix} a_{11}+b_{11} & a_{12}+b_{12} \\ a_{21}+b_{21} & a_{22}+b_{22} \end{pmatrix}, \quad A-B = \begin{pmatrix} a_{11}-b_{11} & a_{12}-b_{12} \\ a_{21}-b_{21} & a_{22}-b_{22} \end{pmatrix}. $$

また

$$O = \begin{pmatrix} 0 & 0 \\ 0 & 0 \end{pmatrix}$$

を**零行列** (zero matrix) とよびます．どの行列 $A \in \mathrm{M}_2\mathbb{R}$ についても $A + O = O + A$ が成立します．

1.4 1次変換

行列の成分を明示した

$$A = \begin{pmatrix} a_{11} & a_{12} \\ a_{21} & a_{22} \end{pmatrix}$$

という表記はかなりスペースをとりますね．そこで今後，スペースの節約のためしばしば

$$A = \left(a_{ij}\right)$$

と略記します．

$A = (a_{ij}) \in \mathrm{M}_2\mathbb{R}$ を用いて数平面 $\mathbb{R}^2$ の点を別の点に写す操作を考えます[*5]．点 $\mathrm{X}(x_1, x_2)$ の位置ベクトルを $\boldsymbol{x} = \overrightarrow{\mathrm{OX}} = (x_1, x_2)$ とし

$$\boldsymbol{y} = \begin{pmatrix} y_1 \\ y_2 \end{pmatrix} = \begin{pmatrix} a_{11} & a_{12} \\ a_{21} & a_{22} \end{pmatrix} \begin{pmatrix} x_1 \\ x_2 \end{pmatrix}$$

で定まるベクトル $\boldsymbol{y} = (y_1, y_2)$ を位置ベクトル $\overrightarrow{\mathrm{OY}}$ とする点を Y とします．点 X に点 Y を対応させる規則を f_A で表します．

$$f_A : \mathbb{R}^2 \to \mathbb{R}^2; \quad f_A(\mathrm{X}) = \mathrm{Y}$$

この対応規則（変換）f_A を行列 A の定める**1次変換**とよびます．図1.9を見てください．

---

*5 写った点がたまたま元の点と同じということはありえます．

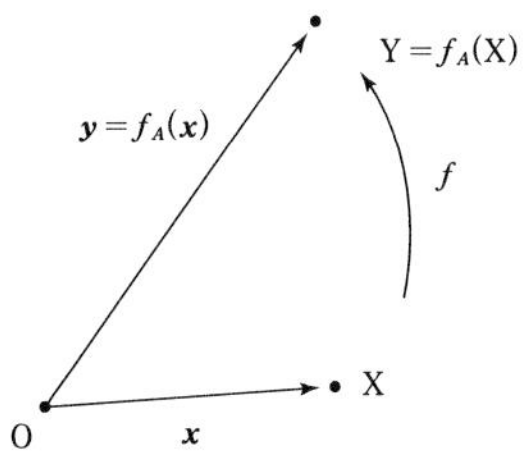

図1.9　1次変換（点と位置ベクトル）

いまは図1.9を使った説明の都合上，点と位置ベクトルを区別しましたが，1次変換を位置ベクトルと位置ベクトルの対応と考えてしまって差し支えなく

$$f_A(\boldsymbol{x}) = A\boldsymbol{x}, \quad \boldsymbol{y} = f_A(\boldsymbol{x})$$

のように表記してしまいます．

原点を中心とする角 θ の回転は行列を使って

$$\begin{pmatrix} y_1 \\ y_2 \end{pmatrix} = \begin{pmatrix} \cos\theta & -\sin\theta \\ \sin\theta & \cos\theta \end{pmatrix} \begin{pmatrix} x_1 \\ x_2 \end{pmatrix} \tag{1.13}$$

と表されることを既に知っていますね．そこで

$$R(\theta) = \begin{pmatrix} \cos\theta & -\sin\theta \\ \sin\theta & \cos\theta \end{pmatrix} \tag{1.14}$$

を回転角 θ の**回転行列**（rotation matrix）とよぶことにします．

点 $\mathrm{X}(x_1, x_2)$ を原点を中心として角 θ だけ回転させて得られる点 $\mathrm{Y}(y_1, y_2)$ を行列を使って求め直してみましょう．$\boldsymbol{x} = (r\cos\psi, r\sin\psi)$ と表すと $\boldsymbol{y} = (r\cos(\psi+\theta), r\sin(\psi+\theta))$ ですから

$$\begin{aligned}
\boldsymbol{y} = \begin{pmatrix} y_1 \\ y_2 \end{pmatrix} &= \begin{pmatrix} r\cos(\psi+\theta) \\ r\sin(\psi+\theta) \end{pmatrix} = r\begin{pmatrix} \cos\theta\cos\psi - \sin\theta\sin\psi \\ \sin\theta\cos\psi + \cos\theta\sin\psi \end{pmatrix} \\
&= \begin{pmatrix} \cos\theta(r\cos\psi) - \sin\theta(r\sin\psi) \\ \sin\theta(r\cos\psi) + \cos\theta(r\sin\psi) \end{pmatrix} \\
&= \begin{pmatrix} (\cos\theta)x - (\sin\theta)y \\ (\sin\theta)x + (\cos\theta)y \end{pmatrix} = R(\theta)\boldsymbol{x}
\end{aligned}$$

と計算できます．y_1 と y_2 を個別に計算するよりも行列を使った計算の方が見通しよく実行できるでしょう？

命題 1.6 原点を中心とし回転角が θ の回転は 1 次変換

$$\boldsymbol{x} \longmapsto R(\theta)\boldsymbol{x} = \begin{pmatrix} \cos\theta & -\sin\theta \\ \sin\theta & \cos\theta \end{pmatrix} \begin{pmatrix} x_1 \\ x_2 \end{pmatrix}$$

で与えられる．

回転行列の全体を SO(2) と表します：

$$\mathrm{SO}(2) = \{R(\theta) \mid 0 \leqq \theta < 2\pi\}.$$

回転の意味からして

$$R(\theta)R(\phi) = R(\phi)R(\theta) = R(\theta+\phi)$$

が成立すること，$R(\theta)$ が逆行列 $R(\theta)^{-1} = R(-\theta)$ をもつことは当然のことですが，当たり前に思えることを計算で確かめることもとても大切なので面倒がらずに実行してください．また**結合法則**

$$\{R(\theta)R(\phi)\}R(\psi) = R(\theta)\{R(\phi)R(\psi)\}$$

も成立しています[*6]．単位行列 E は回転角が 0 の回転にほかなりません．

$$E = \begin{pmatrix} 1 & 0 \\ 0 & 1 \end{pmatrix} = R(0).$$

また

$$R(\theta)^{-1} = R(-\theta) = {}^tR(\theta)$$

であることを注意しておきます．

ここで次の用語を準備します．

[*6] これは行列の乗法が結合法則をみたすことからわかる事実です．

定義 1.7 集合 G の 2 つの要素の組 (a, b) に対し第 3 の要素 x がただひとつ決まるとき，G に**演算**が定められたという．

いま G に演算が定められているとし，演算の結果 x を ab と表記することにする．G が以下にあげる条件をすべてみたすとき G は**群**（group）をなすという．

(1) （**結合法則**）どの $a, b, c \in G$ に対しても $(ab)c = a(bc)$,
(2) $e \in G$ で，どの $a \in G$ に対して $ae = ea = a$ をみたすものが存在する．e を G の**単位元**（unit element）という．
(3) どの元 $a \in G$ に対しても $ax = xa = e$ をみたす x が存在する．この x を a の**逆元**（inverse element）とよび a^{-1} で表す．

ここで用意した用語を使うと「SO(2) は（回転の合成に関し）群をなす」と言い表せます．実際，E が単位元で，$R(\theta)$ の逆元は逆行列 $R(\theta)^{-1} = R(-\theta)$ です．この群 SO(2) を平面**回転群**（rotation group）とよびます．

回転と平行移動をあわせた変換

$$\boldsymbol{x} \longmapsto R(\theta)\boldsymbol{x} + \boldsymbol{a}$$

を $\mathbb{E}^2$ の**運動**（rigid motion）とよびます．**ユークリッド運動**とか**剛体運動**ともよびます．この運動を $(R(\theta), \boldsymbol{a})$ と略記します．運動の全体を SE(2) で表します[*7]．

ふたつの運動 $(R(\theta), \boldsymbol{a})$ と $(R(\phi), \boldsymbol{b})$ の合成を計算してみましょう．

$$\begin{aligned}(R(\theta), \boldsymbol{a})(R(\phi), \boldsymbol{b})\boldsymbol{x} &= (R(\theta), \boldsymbol{a})(R(\phi)\boldsymbol{x} + \boldsymbol{b}) = R(\theta)R(\phi)\boldsymbol{x} + \{\boldsymbol{a} + R(\theta)\boldsymbol{b}\} \\ &= (R(\theta)R(\phi), \boldsymbol{a} + R(\theta)\boldsymbol{b})\boldsymbol{x}\end{aligned}$$

ですから SE(2) は回転行列と平面ベクトルの組 $(R(\theta), \boldsymbol{b})$ を集めてできる集合

$$\mathrm{SO}(2) \times \mathbb{R}^2 = \{(R(\theta), \boldsymbol{b}) \mid R(\theta) \in \mathrm{SO}(2),\ \boldsymbol{b} \in \mathbb{R}^2\}$$

[*7] E(2) と表記する文献もあります．

に

$$(1.15) \qquad (R(\theta), \boldsymbol{a})(R(\phi), \boldsymbol{b}) = (R(\theta)R(\phi), \boldsymbol{a} + R(\theta)\boldsymbol{b})$$

という演算を指定したものと思うことができます．この演算に関し SE(2) は群をなすことを確かめてください．SE(2) を**平面運動群**とよびます[*8]．平面の運動は回転と平行移動の組み合わせですから当然ながら**合同変換**です．

いま何気なく，「合同変換」と言いましたが，合同変換の定義を学んだことのない読者もいるでしょう．そこで合同変換の定義を復習しておきます．

定義 1.8 ユークリッド平面上の変換 $f : \mathbb{E}^2 \to \mathbb{E}^2$ が距離を保つ，すなわちすべての2点 $\boldsymbol{x}$，$\boldsymbol{y} \in \mathbb{E}^2$ に対し

$$\mathrm{d}(f(\boldsymbol{x}), f(\boldsymbol{y})) = \mathrm{d}(\boldsymbol{x}, \boldsymbol{y})$$

をみたすとき f を $\mathbb{E}^2$ の**合同変換**とよぶ．

変換 f として運動 $(R(\theta), \boldsymbol{b})$ を選びましょう．

$$f(\boldsymbol{x}) = R(\theta)\boldsymbol{x} + \boldsymbol{b}.$$

すると式 (1.9) を使って

$$\begin{aligned}
\mathrm{d}(f(\boldsymbol{x}), f(\boldsymbol{y}))^2 =& \|f(\boldsymbol{x}) - f(\boldsymbol{y})\|^2 = \|R(\theta)\boldsymbol{x} + \boldsymbol{b} - (R(\theta)\boldsymbol{y} + \boldsymbol{b})\|^2 \\
=& \|R(\theta)(\boldsymbol{x} - \boldsymbol{y})\|^2 = (R(\theta)(\boldsymbol{x} - \boldsymbol{y})) \cdot (R(\theta)(\boldsymbol{x} - \boldsymbol{y})) \\
=& (\boldsymbol{x} - \boldsymbol{y}) \cdot ({}^tR(\theta)R(\theta)(\boldsymbol{x} - \boldsymbol{y})) \\
=& (\boldsymbol{x} - \boldsymbol{y}) \cdot (\boldsymbol{x} - \boldsymbol{y}) = \mathrm{d}(\boldsymbol{x}, \boldsymbol{y})^2
\end{aligned}$$

が得られます．この計算で ${}^tR(\theta) = R(\theta)^{-1}$ を使っています．以上より運動 $(R(\theta), \boldsymbol{b})$ は合同変換であることがわかりました．

「なにゆえ合同変換の話をここで持ち出したのだろう？」という疑問をもたれた読者のために少々，補足説明を．ユークリッド平面 $\mathbb{E}^2$ 内の図形（平面図形）$\mathcal{A}$ と $\mathcal{B}$ に対し，これらが**合同**であるということを次のように定めます：

*8 この積については 6.3 節で詳しく学びます．

$$\mathcal{A} \equiv \mathcal{B} \Longleftrightarrow \text{合同変換 } f \text{ で } f(\mathcal{A}) = \mathcal{B} \text{ となるものが存在する}$$

つまり $\mathcal{A}$ を図形の形状を変えずに置かれている場所だけを変える移動によって $\mathcal{B}$ にピッタリ重ねられるということを意味しています.

ここで $f(\mathcal{A})$ は f で写して得られる図形を意味します ($\mathcal{A}$ の f による**像**).

$$f(\mathcal{A}) = \{f(\boldsymbol{a}) \mid \boldsymbol{a} \in \mathcal{A}\}.$$

別の言い方をすると合同である図形はユークリッド幾何では「同じ図形」です. この考え方を次節で紹介する「ミンコフスキー平面」でも実行したいのです. ミンコフスキー平面内での「図形の合同」に相当する概念を考えるための「お手本」として $\mathbb{E}^2$ の合同変換について説明をしたのです.

義務教育で次の主張を（証明抜きで）習ったことがありませんか？

> 平面内の図形を形も大きさも変えずに移動させる方法は, 平行移動, 回転と線対称移動しかない.

この主張が正しいことを第 5 章で説明します. すなわち $\mathbb{E}^2$ の合同変換を第 5 章で分類します.

1.5 ミンコフスキー平面

数平面 $\mathbb{R}^2$ においてユークリッド内積をちょっと変更したもの

$$\langle \boldsymbol{x}, \boldsymbol{y} \rangle = x_1 y_1 - x_2 y_2 \tag{1.16}$$

を調べていきます. ユークリッド内積と区別するために記号 $\langle \cdot, \cdot \rangle$ を使います. またユークリッド平面と区別するために $\mathbb{R}^2$ に (1.16) を指定したものを**ミンコフスキー平面**（Minkowski plane）とよび $\mathbb{L}^2$ と表記します[*9]. $\langle \boldsymbol{x}, \boldsymbol{y} \rangle$ を $\boldsymbol{x}$ と $\boldsymbol{y}$ の**ミンコフスキー内積**（Minkowski scalar product）とよびます.

定義 1.9 ミンコフスキー平面 $\mathbb{L}^2$ 内のベクトル $\boldsymbol{x}$ に対し

[*9] $\mathbb{L}^2$ と表記する理由は後ほど説明します.

(1) $\langle \boldsymbol{x}, \boldsymbol{x} \rangle > 0$ または $\boldsymbol{x} = \boldsymbol{0}$ のとき $\boldsymbol{x}$ は**空間的**（spacelike）であるという．
(2) $\langle \boldsymbol{x}, \boldsymbol{x} \rangle = 0$ かつ $\boldsymbol{x} \neq \boldsymbol{0}$ のとき $\boldsymbol{x}$ は**光的**（lightlike）または**零的**（null）であるという．
(3) $\langle \boldsymbol{x}, \boldsymbol{x} \rangle < 0$ のとき $\boldsymbol{x}$ は**時間的**（timelike）であるという．

空間的でないベクトルのことを**因果的ベクトル**（causal vector）とよぶ．

これらの用語は特殊相対性理論に由来するものです．

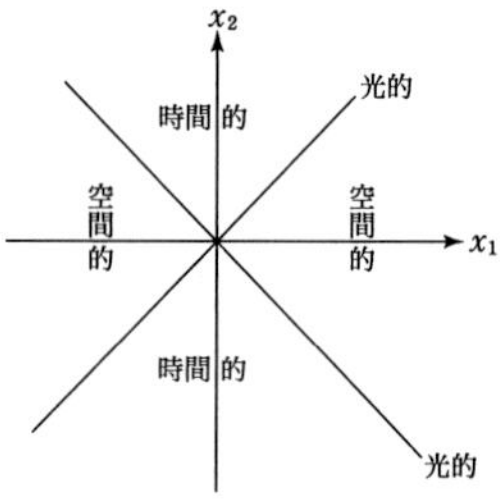

図 1.10　ミンコフスキー平面

ユークリッド平面の円に相当する図形を $\mathbb{L}^2$ 内で考察します．

$$\mathbb{S}^1_1(r) = \left\{ \boldsymbol{x} = (x_1, x_2) \in \mathbb{L}^2 \;\middle|\; \langle \boldsymbol{x}, \boldsymbol{x} \rangle = r^2 \right\}$$

は方程式 $x_1^2 - x_2^2 = r^2$ で定まる曲線，

$$\tilde{\Lambda}^1 = \left\{ \boldsymbol{x} = (x_1, x_2) \in \mathbb{L}^2 \;\middle|\; \langle \boldsymbol{x}, \boldsymbol{x} \rangle = 0 \right\}$$

は直線の組 $x_2 = \pm x_1$．

$$\mathbb{H}^1_0(r) = \left\{ \boldsymbol{x} = (x_1, x_2) \in \mathbb{L}^2 \;\middle|\; \langle \boldsymbol{x}, \boldsymbol{x} \rangle = -r^2 \right\}$$

は方程式 $x_1^2 - x_2^2 = -r^2$ で定まる曲線です．

$\mathbb{S}^1_1(r)$ も $\mathbb{H}^1_0(r)$ も，ともに「ユークリッド幾何における双曲線」ですが，$\mathbb{L}^2$ における性質の違いがあります．そこで，煩わしいように見えますがこれらを次のように区別します．

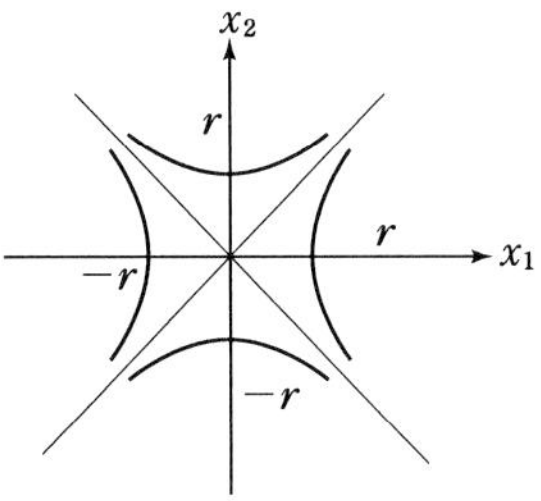

図 1.11　$\mathbb{S}^1_1(r), \tilde{\Lambda}^1, \mathbb{H}^1_0(r)$

定義 1.10 点 $\boldsymbol{c} = (c_1, c_2)$ と $r > 0$ に対し

$$\mathbb{S}^1_1(\boldsymbol{a}; r) = \left\{ \boldsymbol{x} \in \mathbb{L}^2 \;\middle|\; \langle \boldsymbol{x} - \boldsymbol{c}, \boldsymbol{x} - \boldsymbol{c} \rangle = r^2 \right\}$$

を $\boldsymbol{c}$ を中心とする半径 r の**擬円**（pseudo-circle）という．

$$\mathbb{H}^1_0(\boldsymbol{c}; r) = \left\{ \boldsymbol{x} \in \mathbb{L}^2 \;\middle|\; \langle \boldsymbol{x} - \boldsymbol{c}, \boldsymbol{x} - \boldsymbol{c} \rangle = -r^2 \right\}$$

を $\boldsymbol{c}$ を中心とする半径 r の**双曲線**（hyperbola）という．中心が原点のときは，それぞれ $\mathbb{S}^1_1(r)$，$\mathbb{H}^1_0(r)$ と略記する．さらに $\mathbb{S}^1_1 = \mathbb{S}^1_1(1)$，$\mathbb{H}^1_0 = \mathbb{H}^1_0(1)$ と略記する．

擬円 $\mathbb{S}^1_1(r)$ の径数表示を与えます．この目的のために双曲線函数を導入します．ユークリッド平面で単位円 $x_1^2 + x_2^2 = 1$ を扇形の面積 S を使って

$$x_1 = \cos(2\mathsf{S}), \quad x_2 = \sin(2\mathsf{S})$$

と表示したことを参考にします．

擬円 $\mathbb{S}^1_1$ の一葉 $(x_1 > 0)$ の部分を考察します．この一葉上の点 $\mathrm{X}(x_1, x_2)$ を 1 つ選びます．$\mathrm{E}_1(1,0)$ と原点 O を結ぶ線分 OE_1，E_1 と X を結ぶ擬円の一部と線分 OX で囲まれる図形（閉領域）の面積 S を求めてみましょう．$x_2 > 0$ のときを調べておけばよいですね (図 1.12).

$$\mathsf{S} = \frac{x_1 x_2}{2} - \int_1^{x_1} \sqrt{x_1^2 - 1}\, \mathrm{d}x_1$$

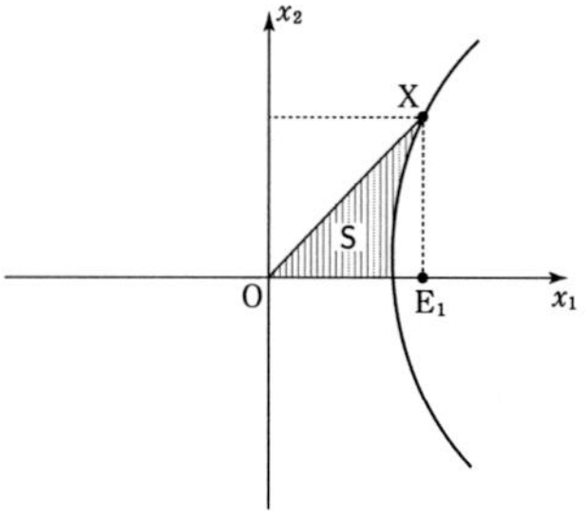

図 1.12

ここで公式

$$\frac{\mathrm{d}}{\mathrm{d}x}\log\left(x+\sqrt{x^2-1}\right)=\frac{1}{\sqrt{x^2-1}},\quad x\geqq 1$$

を用いると

$$\mathsf{S}=\frac{1}{2}\log\left(x_1+\sqrt{x_1^2-1}\right),\quad x_1\geqq 1$$

が得られます．そこで函数

$$y=f(x)=\log\left(x+\sqrt{x^2-1}\right),\quad x\geqq 1$$

を詳しく調べます．

$$e^y=\left(x+\sqrt{x^2-1}\right),\quad e^{-y}=\frac{1}{x+\sqrt{x^2-1}}$$

より

$$e^y+e^{-y}=\frac{1+(x+\sqrt{x^2-1})^2}{x+\sqrt{x^2-1}}=\frac{2x\left(x+\sqrt{x^2-1}\right)}{x+\sqrt{x^2-1}}=2x.$$

ゆえに $f(x)$ の逆函数が

$$x=\frac{e^y+e^{-y}}{2}$$

と求められました．そこで次の定義を行います．

定義 1.11 実数 $t \in \mathbb{R}$ に対し

$$\cosh t = \frac{e^t + e^{-t}}{2}, \quad \sinh t = \frac{e^t - e^{-t}}{2},$$
$$\tanh t = \frac{\sinh t}{\cosh t}$$

で函数 $\cosh t, \sinh t, \tanh t$ を定め，これらを**双曲線函数**とよぶ.

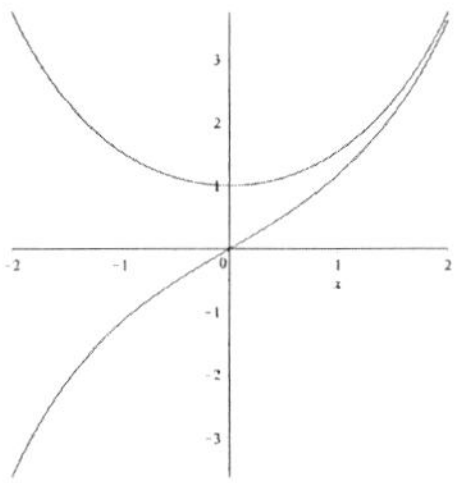

図 1.13　$s = \cosh t$（上）と $s = \sinh t$（下）のグラフ

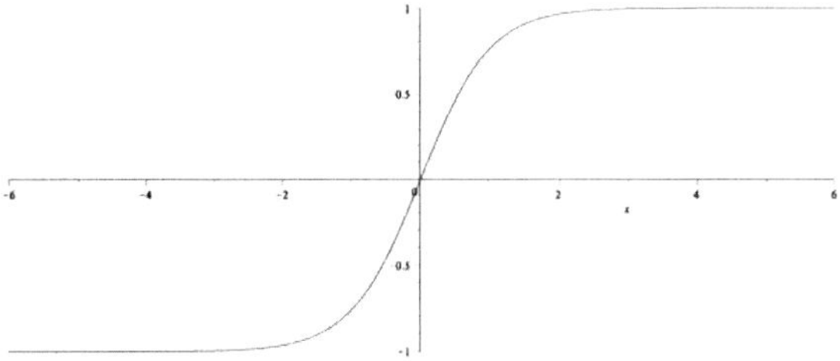

図 1.14　$s = \tanh t$ のグラフ（$-1 < \tanh t < 1$ に注意）

双曲余弦函数 cosh を用いると擬円 S^1_1 の一葉 ($x_1 > 0$ の部分) の点 $\mathrm{X}(x_1, x_2)$ の x_1 座標は

$$x_1 = \cosh(2\mathrm{S})$$

と表せることがわかりました．x_2 座標を求めましょう．

$$x_2^2 = x_1^2 - 1 = \frac{1}{4}\left(e^{2\mathrm{S}} + e^{-2\mathrm{S}}\right)^2 - 1 = \frac{1}{2}\left(e^{2\mathrm{S}} - e^{-2\mathrm{S}}\right)^2 = (\sinh(2\mathrm{S}))^2$$

より $x_2 = \sinh(2S)$ であることが分かります．この計算で気づいたと思いますが cosh と sinh は

$$(\cosh t)^2 - (\sinh t)^2 = 1, \ \ t \in \mathbb{R}$$

をみたしています (三角函数のときのように $(\cosh t)^2$ を $\cosh^2 t$ と書くこともあります).

単位円のときの扇度をまねて $\sigma = 2S$ とおき，これを擬円 $\mathbb{S}^1_1$ における**扇度** (sectorial measure) とよぶことにします．扇度 σ と双曲線函数を用いると擬円 $x_1^2 - x_2^2 = r^2$ の一葉

$$\mathbb{S}^1_1(r)^+ = \left\{ \boldsymbol{x} = (x_1, x_2) \in \mathbb{S}^1_1(r) \;\middle|\; x_1 > 0 \right\}$$

は

$$x_1 = r\cosh\sigma, \quad x_2 = r\sinh\sigma, \quad \sigma \in \mathbb{R}$$

と径数表示ができます．もうひとつの一葉 ($x_1 < 0$ の部分) $\mathbb{S}^1_1(r)^-$ は

$$x_1 = -r\cosh\sigma, \quad x_2 = r\sinh\sigma, \quad \sigma \in \mathbb{R}$$

と径数表示ができます．

まず $\cosh\sigma > 0$ であることは明らかですが $\mathbb{S}^1_1(r)^+$ は $x_1 \geqq r$ をみたしていますから $r\cosh\sigma \geqq r$ であることを確かめないといけません．

$\cosh\sigma$ は $\sigma = 0$ で最小値 1 を取ります．実際

$$\cosh\sigma = \frac{e^{\sigma} + e^{-\sigma}}{2} \geqq \sqrt{e^{\sigma}e^{-\sigma}} = 1.$$

等号成立は $\sigma = 0$ のときのみ．次に

$$(\cosh\sigma)^2 - (\sinh\sigma)^2 = \frac{1}{4}\left\{(e^{\sigma} + e^{-\sigma})^2 - (e^{\sigma} - e^{-\sigma})^2\right\} = 1$$

なので確かに $x_1 = r\cosh\sigma$，$x_2 = r\sinh\sigma$ とおけることがわかります[*10].

[*10] 扇度を“弧長”のように考えられるかどうかについては註 7.1 と問題 9.3 で再考します.

註 1.3 ここでは三角函数のまねをして双曲線函数を定義した．複素函数論を習うとこの定義が妥当なものであることが理解できる．三角函数と双曲線函数は複素数を介してつながる．この説明は複素函数論を習うときまで待つのが適切であるが，とりあえずでよいから何か説明がほしいという読者は実数 $\theta \in \mathbb{R}$ と虚数単位 $\mathtt{i} = \sqrt{-1}$ に対する等式

$$e^{\mathtt{i}\theta} = \cos\theta + \mathtt{i}\sin\theta$$

を使って次のように考えるとよいだろう．この式から

$$\cos\theta = \frac{e^{\mathtt{i}\theta} + e^{-\mathtt{i}\theta}}{2}, \quad \sin\theta = \frac{e^{\mathtt{i}\theta} - e^{-\mathtt{i}\theta}}{2\mathtt{i}} \tag{1.17}$$

という式を得る．これを参考にして $(\cosh t)^2 - (\sinh t)^2 = 1$ となる函数 $\cosh t$, $\sinh t$ をつくるには (1.17) から $\mathtt{i}$ を取り去ればよいことに気づく．

問題 1.4 (加法定理) 次の公式を証明せよ．

(1) $\sinh(x \pm y) = \sinh x \cosh y \pm \cosh x \sinh y$,

(2) $\cosh(x \pm y) = \cosh x \cosh y \pm \sinh x \sinh y$.

函数 $y = \cosh x$ と $y = \sinh x$ は数直線 $\mathbb{R}$ 上で連続です．とくに $y = \sinh x$ は $\mathbb{R}$ 上で単調増加ですので連続な逆函数が存在します．その逆函数を $x = \sinh^{-1} y$ で表します．$y = \cosh x$ は $(-\infty, 0]$，$[0, \infty)$ でそれぞれ単調減少，単調増加です．区間 $[0, \infty)$ における $y = \cosh x$ の逆函数を $x = \mathrm{Cosh}^{-1} y$ と表記し（cos のときと同様に）**主値**とよびます ($\cosh^{-1}$ と書くこともあります).

問題 1.5 次の式を証明せよ[*11]．

(1) $\sinh^{-1} x = \log\left(x + \sqrt{x^2+1}\right), \quad x \in \mathbb{R}$,

(2) $\mathrm{Cosh}^{-1} x = \log\left(x + \sqrt{x^2-1}\right), \quad x \in \mathbb{R}$,

(3) $\tanh^{-1} x = \frac{1}{2}\log\dfrac{1+x}{1-x}, \quad |x| < 1$.

双曲線函数についてより詳しくは微分積分の教科書を参照してください．拙著 [16] の 0.5 節に最低限の説明があります．文献 [44] も参照になるでしょう．

---

*11 これらの結果は不定積分を学ぶときに活用するので記憶しておくとよい．逆三角函数の主値を $\arcsin x$，$\arccos x$，$\arctan x$ と記すことにあわせて $\sinh^{-1} x$，$\mathrm{Cosh}^{-1} x$，$\tanh^{-1} x$ を $\mathrm{arsinh}\, x$，$\mathrm{arcosh}\, x$，$\mathrm{artanh}\, x$ と表記し，area sinh などと読む．

1.6 ブースト

空間的ベクトル $\boldsymbol{x} \neq \boldsymbol{0}$ をとります．$\langle \boldsymbol{x}, \boldsymbol{x} \rangle > 0$ より $|x_1| > |x_2|$ であることに注意してください．$0 < \langle \boldsymbol{x}, \boldsymbol{x} \rangle = r^2$ $(r > 0)$ とおくと $\boldsymbol{x} \in \mathbb{S}^1_1(r)$ です．そこで $\boldsymbol{x}$ を擬円 $\mathbb{S}^1_1(r)$ に沿って移動させてみましょう．簡単のためにいま $x_1 > 0$ の場合を考えます．すると双曲線函数を使って $\boldsymbol{x} = r(\cosh s, \sinh s)$ と表すことができます．点 $(x_1, x_2) \in \mathbb{S}^1_1(r)$ がこの擬円の一葉 $\mathbb{S}^1_1(r)^+$ に沿って動いた点の位置ベクトルを $\boldsymbol{y} = (y_1, y_2)$ とします．$\mathbb{E}^2$ のときの回転のように $\boldsymbol{y} = r(\cosh(s+t), \sinh(s+t))$ と表せるかどうか調べてみましょう．加法定理を使うと

$$\boldsymbol{y} = \begin{pmatrix} r\cosh(s+t) \\ r\sinh(s+t) \end{pmatrix} = r \begin{pmatrix} \cosh t & \sinh t \\ \sinh t & \cosh t \end{pmatrix} \begin{pmatrix} \cosh s \\ \sinh s \end{pmatrix}$$

という結果が得られます．そこで

$$B(t) = \begin{pmatrix} \cosh t & \sinh t \\ \sinh t & \cosh t \end{pmatrix}$$

とおき $B(t)$ を**ブースト行列** (boost) とよぶことにします．ブースト行列の全体を

$$\mathrm{SO}^+(1,1) = \{B(t) \mid t \in \mathbb{R}\}$$

で表すと回転群 SO(2) と同様に群をなします．この群を**ブースト群**とよびます．ブースト群を $\mathrm{SO}^+(1,1)$ と表記する理由は第5章 p. 83 で説明します．この記法は第5章で導入するのが適切なのですが，ブースト群の記号を決めておかないと，いちいち「ブーストの全体」と書かなければならなくてむやみに字数を食ってしまうので，先走って記号を導入してしまいます．ご了承ください．

ユークリッド平面 $\mathbb{E}^2$ でユークリッド運動

$$\boldsymbol{x} \longmapsto R(\theta)\boldsymbol{x} + \boldsymbol{b}$$

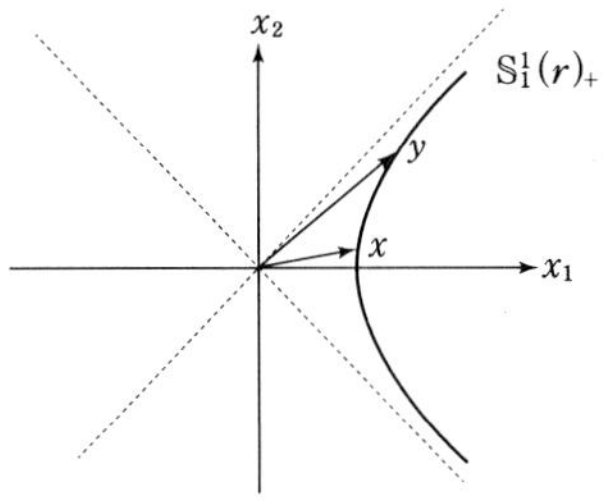

図 1.15　ブースト

が合同変換であることを説明しました．これをまねてミンコフスキー平面 $\mathbb{L}^2$ 上で

$$x \longmapsto B(t)x + b \tag{1.18}$$

という変換を考え，**固有ポアンカレ変換**（proper Poincaré transformation）とよびます．固有ポアンカレ変換を $\mathbb{L}^2$ の“合同変換”のように考えてやります．つまり，$\mathbb{L}^2$ 内の図形が固有ポアンカレ変換で重なるときに，それらはミンコフスキー平面の幾何学においては「同じ図形」と考えるのです（詳しくは第 5 章で解説します）．

ユークリッド内積をミンコフスキー内積に変えたことで，円が双曲線に，三角函数が双曲線函数に入れ替わりました．次章ではブーストの物理学的な意味を説明します．

【読書案内】　行列について未習の読者向けの読書案内をしましょう．もし線型代数（線形代数）が書名に入っている本をお持ちなら，それを読み進めてください．はじめて行列にふれた読者には 2 次行列を詳しく扱っている [27] を勧めます．

2 ローレンツ変換

前の章で，ミンコフスキー平面上のブーストを紹介しました．この章ではブーストの物理学的な役割を解説します．

2.1 特殊相対性理論誕生

ニュートン（Sir Isaac Newton, 1642–1727）が構築した「力学」により近代物理学がスタートしました．ニュートンは空間や時間についてどのように考えていたのでしょうか．プリンキピア（『自然科学の数学的諸原理』，*Philosophiae Naturalis Principia Mathematica*, 1686）で次のように述べています（[67, p. 65, 河辺六男 訳]).

> 絶対的な空間は，その本性として，どのような外的事物とも関係なく，常に同じ形状を保ち，不動不変の，ままのものです．

> 絶対的な，真の，数学的な時間は，それ自身で，そのものの本性から，外界のなにものとも関係なく，均一に流れ，別名を持続ともいいます．

「時間とはなにか」とか「空間とはなにか」とかそういう問いに対しては，解答することなく運動学に進んでしまったのでしょう[*1]．哲学者のカント（Immanuel Kant, 1724–1804）は『純粋理性批判』の中で

> 空間については，ア・プリオリな直観（経験的直観ではない）が，空間に関する一切の概念の根底に存することが判る．それだから幾何学の原則はすべて（例えば「三角形の二辺の和は他の一辺よりも大である」という命題も，直線や三角形という一般的概念から導来せらるるものでなくて）直観から–それもア・プリオリな直観から必然的確実性をもって導来されたものである（[41]）

[*1] 入手しやすい翻訳に [68, pp. 30–31] があります．[8] も参照．

と述べています．

一方, 電気と磁気を記述する物理学である「電磁気学」がファラデー（Michael Faraday, 1791-1867）やマクスウェル（James Clerk Maxwell, 1831-1879）(1864) によって作られました．電磁気学は**マクスウェルの方程式**：

$$\mathrm{rot}\,\boldsymbol{H} - \frac{\partial}{\partial t}\boldsymbol{D} = \boldsymbol{i}, \qquad \mathrm{div}\,\boldsymbol{D} = \rho$$
$$\mathrm{rot}\,\boldsymbol{E} + \frac{\partial}{\partial t}\boldsymbol{B} = 0, \qquad \mathrm{div}\,\boldsymbol{B} = 0$$

で記述されます（SI 単位系での表記）．$\boldsymbol{E}$, $\boldsymbol{H}$ はそれぞれ電気の強さ，磁気の強さを表すベクトル場で電場，磁場とよばれます．$\boldsymbol{D}$, $\boldsymbol{B}$ は電束密度，磁束密度とよばれるベクトル場，また $\boldsymbol{i}$ は電流密度とよばれるベクトル場です．

$\partial/\partial t$ は時間に関する偏微分，rot，div はそれぞれ回転，発散とよばれるある種の微分です．これらの微分演算子についてはベクトル解析の教科書 (たとえば [46] や [22]) を見てください．

大雑把にいうと，電気と磁気は無関係ではなくマクスウェルの方程式により結びついているのです．この方程式を**数学的に研究**し，マクスウェルは電磁波の存在を示します．1888 年，ヘルツ（Heinrich Hertz，1857-1894，周波数単位 Hz は彼の名に因む）により実験で，電磁波の存在が確かめられました．さて，マクスウェル以前に次のような論争がありました．

光は粒子か波か？

反射・屈折の法則や光の直進性から古代よりニュートンの時代まで，光は**粒子**であると考えられていました（光の粒子説）．ところが薄膜の色，回折[*2]・干渉など粒子性では説明できない性質も知られていました．これらの性質は光が**波**であると考えると説明がつきます（光の波動説）．

クリスチャン・ホイヘンス（Christiaan Huygens，1629–1695）により光の波動理論の基礎が作られます（たとえばホイヘンスの原理というものがありま

[*2] 写真撮影に詳しい方には身近な現象です．レンズの絞りを「絞りすぎ」ると像が劣化する現象です．

す). ロバート・フック (Robert Hooke, 1635–1703) はニュートンの粒子説を批判し論争となります ([62, 63] 参照). デカルトも光の波動説を採用していました.

光が波であるというならば「空間には光を伝える物質が満ち溢れていなければならない」という結論に達します. 光を伝えるというなぞの物質はエーテルと名づけられました. ニュートンは後になってエーテルを取り入れた理論も考察しています ([62]). 電磁波の発見により, 光と電磁気を伝える媒質としてエーテルが存在すると考えられるようになりました. 実験物理学者は「エーテルの存在を確認すること」という課題に挑みました. しかしマイケルソン (Albert Abraham Michelson, 1852-1931) とモーレー (Edward William Morley, 1838-1923) の実験 (1887) で「エーテルの存在は実験では肯定できない」という結果が出ました. マイケルソンは 1907 年に「干渉計の考察とそれによる分光学およびメートル原器の研究」でノーベル物理学賞を受賞しています. フーコーの振り子で知られるフーコーは 1850 年に光速の測定を行っています.

一方, 理論の方からもマクスウェルの方程式がニュートン力学と噛み合わない点が指摘されました. ニュートンの運動方程式はガリレイ変換で不変であるという性質をもちますが, マクスウェルの方程式はそうではなかったのです (ガリレイ変換は次の節で説明します).

殆どの人はマクスウェルの理論を疑いました. ところが一人の若者が 1905 年「マクスウェルの理論は正しい. ニュートンの理論は修正を必要とする」と発表しました. この若者がアルバート・アインシュタイン (Albert Einstein, 1879-1955) です. このときに発表されたものが「特殊相対性理論」です. 現在では光は波と粒子の両方の性質をもつと考えられています. この性質を光の**相補性**といいます. つまり矛盾すると思われる粒子性と波動性は矛盾するのではなく**お互いに補い合う関係**にあるというのです. それまでの物理学には見られない新しい考え方です.

2.2 特殊相対性理論とは

アインシュタインはまずエーテルの存在を否定します．そして次の 2 つを原理としてあげるのです．

(1) 相対性の原理：同じ速度で動いていればその速度に依らず誰に対しても自然法則は同じである（物理法則はすべての慣性系に対して同じ形で表される）.

(2) 光速度不変の原理：真空中の光速はどんな観測をしても一定の値 $c = 2.997 \times 10^8\ \mathrm{m/s}$ を示す．光速 c を越える速度で動くことはできない．

(1) の方はニュートン力学におけるガリレオの相対性原理と似ていますが，大きな違いがあります. ガリレオの場合は「運動の法則」のみを対象としていますがアインシュタインは「すべての自然法則（慣性系)」を対象にしています．

この 2 つの原理から絶対時間・絶対空間が否定されます．そして時間がそれぞれの人によって異なるということが結論されるのです．

註 2.1 (やや専門的な注意) アインシュタインの原論文 [2] では時間の一様性（どの慣性系においても時間は一様)・空間の一様等方性（特別な位置も方向もない）が「明白」として原理にはあげられていないのですが，実際には追加する必要があります ([38, p. 38]). 空間の一様等方性については拙著 [11] を参照してください．

アインシュタインは

(1) なぜマクスウェルの方程式はガリレイ変換で保たれないのだろうか．むしろガリレイ変換に問題があるのではないか．

(2) ガリレイ変換は光速度不変の原理に従わない．やはりガリレイ変換を考え直すべきだ．

という考えのもとニュートン力学に修正を求めるのです．

2.3　ガリレイ変換

ガリレイ変換を説明しましょう．直線上の運動を例にとって説明します．直線の座標を x で表します．2つの慣性系 $\mathcal{S} = (\mathrm{O}, x, t)$, $\widetilde{\mathcal{S}} = (\tilde{\mathrm{O}}, \tilde{x}, \tilde{t})$ はいま次の条件をみたしているとします．

- x 軸と $\tilde{x}$ 軸は平行，
- t 軸と $\tilde{t}$ 軸は平行，
- $t = \tilde{t} = 0$ のとき両者の原点 O と Õ の座標は一致する，
- $\widetilde{\mathcal{S}}$ は $\mathcal{S}$ の x 軸の正の方向へ相対速度 $v > 0$ で移動している．

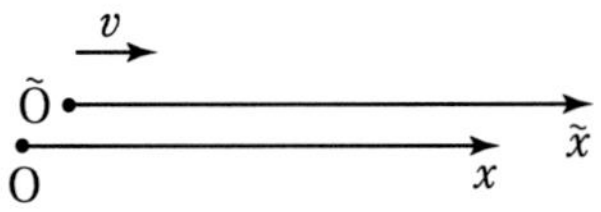

図 2.1　2つの慣性系

このとき $\mathcal{S}$ の座標 (x, t) と $\tilde{\mathcal{S}}$ の座標 $(\tilde{x}, \tilde{t})$ との間には

$$\tilde{x} = x - vt, \quad \tilde{t} = t$$

という関係があります．この関係式を (x, t) から $(\tilde{x}, \tilde{t})$ への変換と解釈し**ガリレイ変換**（Galilei transformation）とよびます．

時間座標 t と空間座標 x をもつ平面 $\mathbb{R}^2(x, t)$ を考え，それを**ガリレイ平面**（Galilei plane）とよびます．するとガリレイ変換はガリレイ平面上の1次変換

$$\begin{pmatrix} \tilde{x} \\ \tilde{t} \end{pmatrix} = \begin{pmatrix} 1 & -v \\ 0 & 1 \end{pmatrix} \begin{pmatrix} x \\ t \end{pmatrix} \tag{2.1}$$

で表せます．ニュートンの運動方程式はガリレイ変換で保たれることが確かめられます．しかしマクスウェルの方程式はガリレイ変換で保たれないのです．

2.4 ローレンツ変換

アインシュタインはガリレイ変換を次のように修正しました．光速度不変の原理・相対性原理より $\mathcal{S}$ の座標系 (x,t) と $\widetilde{\mathcal{S}}$ の座標系 $(\tilde{x},\tilde{t})$ との間の変換法則は

$$\begin{pmatrix} \tilde{x} \\ \tilde{t} \end{pmatrix} = \frac{1}{\sqrt{1-\left(\frac{v}{c}\right)^2}} \begin{pmatrix} 1 & -v \\ -\frac{v}{c^2} & 1 \end{pmatrix} \begin{pmatrix} x \\ t \end{pmatrix}$$

で与えられます．ただし c は光速を表します．この変換を**ローレンツ変換** (Lorentz transformation) とよびます．なぜアインシュタイン変換とよばないのでしょうか．実はアインシュタインより前にローレンツ (Hendrik Lorentz, 1853-1928) がこの変換を考えていたのです．それがローレンツ変換の名前の由来なのですが，ローレンツはエーテルの存在を仮定した理論をつくりこの変換に到達していたのです．ローレンツもノーベル物理学賞を受賞しています (1902)．

ここで

$$x_1 = x, \quad x_2 = ct, \quad \tilde{x}_1 = \tilde{x}, \quad \tilde{x}_2 = c\tilde{t}$$

と表記の変更を行います．すると

$$\begin{pmatrix} \tilde{x}_1 \\ \tilde{x}_2 \end{pmatrix} = \frac{1}{\sqrt{1-\left(\frac{v}{c}\right)^2}} \begin{pmatrix} 1 & -\frac{v}{c} \\ -\frac{v}{c} & 1 \end{pmatrix} \begin{pmatrix} x_1 \\ x_2 \end{pmatrix}$$

と書き直せます．

ここで光速度不変の原理より $0 < |v/c| < 1$ なので $v/c = \tanh s = \sinh s/\cosh s$ とおくことができます ($-1 \leqq \tanh s \leqq 1$ に注意)．ここで双曲線函数 $\cosh s$ と $\sinh s$ がみたす式 $(\cosh s)^2 - (\sinh s)^2 = 1$ の両辺を $(\cosh s)^2$ で割ると

$$1 - (\tanh s)^2 = \frac{1}{(\cosh s)^2}$$

が得られます．したがって $1-(v/c)^2 = 1/(\cosh s)^2$. 以上より変換法則は

$$\begin{pmatrix} \tilde{x}_1 \\ \tilde{x}_2 \end{pmatrix} = \begin{pmatrix} \cosh s & -\sinh s \\ -\sinh s & \cosh s \end{pmatrix} \begin{pmatrix} x_1 \\ x_2 \end{pmatrix} = B(-s) \begin{pmatrix} x_1 \\ x_2 \end{pmatrix}$$

となります．つまりブーストで与えられることがわかりました．

ローレンツ変換における v/c の値に注意を払ってください．c の値はとても大きく，ニュートン力学で扱ってきた v の値からすると v/c はほとんど 0 です．そこでローレンツ変換で $v/c=0$ としてみましょう．するとローレンツ変換はガリレイ変換と一致してしまいます．

特殊相対性理論において $v/c\to 0$ (または $c\to\infty$) という極限操作を行えば特殊相対性理論はニュートン力学になるのです．

$0\leqq |v/c|\leqq 1$ なのですから，v が光速度 c と比べて無視できないような運動でなければ，特殊相対論は見えてこなくて当然なのです．ときどき読み物で「ニュートンの物理は間違っていてアインシュタインが正しい物理を発見した」というような記述を見かけますが正確にはここで述べたように $v/c=0$ とした近似がニュートン力学なのです．しかし日常生活の水準では $v/c=0$ としても差し支えないことに注意すべきです．このように物理学の理論は**適用範囲**というものがあるのです．

註 2.2 余談ながら『ドラえもん』の「100年後のフロク」というエピソードにはニュートン力学の運動量を特殊相対論に従って修正した「相対論的運動量」が出てきています．さがしてみてください．ヒントは「$v/c=0$ とするとニュートン力学の運動量になる式をさがせ」です [73].

2.5 ミンコフスキー幾何学

アインシュタインの通ったスイス連邦工科大学の数学者ミンコフスキー (Hermann Minkowski，1884–1909) は特殊相対性理論を説明する**幾何学**を発表しました．それが前回紹介したミンコフスキー時空の幾何学です．

ガリレイ平面同様に t と x の平面を考えます．$t=0$ のとき $x=0$ の位置にあった光は直線 $x=ct$ に沿って進みます．

km や秒を単位に使っていては c は大きすぎて直線 $x=ct$ は x 軸と重なってしまいます．そこで $(x_1,x_2)=(x,ct)$ という測り方に替えるのです（天文学では km のような単位を使わず光年を使っていますね)．そこで x_1x_2 平面

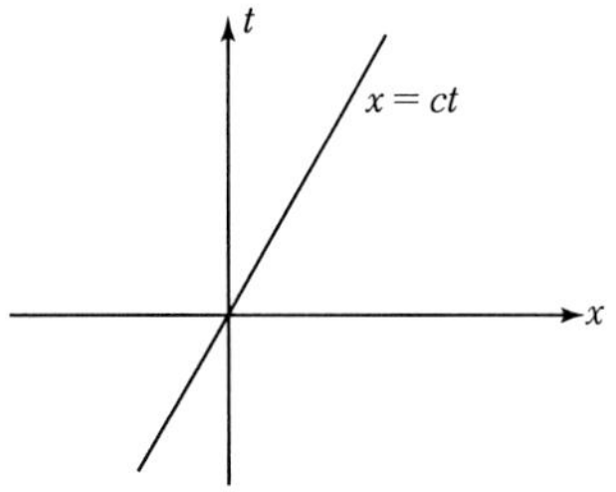

図 2.2　ミンコフスキー平面

を使ってみましょう．ローレンツ変換はブーストを使って書き換えられたことを思い出しましょう．

$$\tilde{x}_1 = (\cosh s)x_1 - (\sinh s)x_2, \quad \tilde{x}_2 = -(\sinh s)x_1 + (\cosh s)x_2$$

すると

$$\tilde{x}_1^2 - \tilde{x}_2^2 = x_1^2 - x_2^2$$

であることが確かめられます．ということは $x_1^2 - x_2^2$ をベクトル $\boldsymbol{x} = (x_1, x_2)$ の“長さの 2 乗”のように考えてやるのがよさそうです．

そこで $\boldsymbol{x}, \boldsymbol{y}$ に対し

$$\langle \boldsymbol{x}, \boldsymbol{y} \rangle = x_1 y_1 - x_2 y_2$$

という“内積”を考えてやれば

$$\langle \boldsymbol{x}, \boldsymbol{x} \rangle = x_1^2 - x_2^2$$

となり都合がよくなります．この“内積”は第 1 章で紹介したミンコフスキー内積に他なりません．ふつうの内積（ユークリッド内積）にかえてミンコフスキー内積を与えた平面をミンコフスキー平面というのはこのような背景があったのです．

次章からミンコフスキー平面内の図形を調べます．

3 コーシー・シュヴァルツ不等式

3.1 ユークリッド平面内の直線

ユークリッド平面 $\mathbb{E}^2$ 内の直線はどうやって決定されるのかを思い出しましょう．そもそもユークリッド平面という名称は古代ギリシアのユークリッド（エウクレイデス，Euclides，325BC ?–265BC）に由来します．ユークリッドは当時知られていた数学と自分自身による発見を併せて『ストイケイア』という全 13 巻の著書を執筆しました．この著書は今日，ユークリッドの『原論』とよばれています．『原論』では 23 の「定義」と 5 つの「公準」から全てが始まります (文献 [28, 47] 参照). 第 1 公準を現代的に言い換えてみます．

> 与えられた 2 点 A，B に対して A，B を結ぶ線分をただ 1 つだけ引くことができる．

2 本の直線 ℓ と m は交わるか，交わらないかのどちらかです．交わらないとき ℓ と m は**互いに平行である**といい $\ell /\!/ m$ と表します．

2 点 $\mathrm{A}(a_1, a_2)$ と $\mathrm{B}(b_1, b_2)$ を結ぶ直線を ℓ としましょう．ベクトルを用いた記述をします．ℓ 上の点 $\mathrm{X}(x_1, x_2)$ の位置ベクトルを $\boldsymbol{x} = \overrightarrow{\mathrm{OX}}$ とします．A の位置ベクトルを $\boldsymbol{a} = \overrightarrow{\mathrm{OA}}$ と表記すると $\boldsymbol{x} - \boldsymbol{a}$ と $\overrightarrow{\mathrm{AB}}$ は平行ですから

$$\boldsymbol{x} = \boldsymbol{a} + u\,\overrightarrow{\mathrm{AB}}$$

と表すことができます (u はある実数). これを成分を使って具体的に書くと

$$(x_1, x_2) = (a_1, a_2) + u(b_1 - a_1, b_2 - a_2).$$

このベクトル表示を見ると直線 ℓ はその上のどこか 1 点 A と進行方向を定めるベクトル $\boldsymbol{w} \neq \boldsymbol{0}$ を使って

$$x = a + uw, \ u \in \mathbb{R}$$

と表せることがわかります．w を ℓ の**方向ベクトル**とよびます．このとき ℓ は「A を通り w に平行な直線」とよばれます．$w = \overrightarrow{\mathrm{AB}}$ と選べば ℓ は 2 点 A，B を結ぶ直線です．

ここまでは**計量**（ユークリッド内積）**を使っていない**ことに注意してください．直線の概念自体は数平面 $\mathbb{R}^2$ で意味をもつのです (第 2 巻 10.1 節参照．より広くアフィン平面で意味をもちます [11])．長さや角を測る際に計量（ユークリッド内積）が必要になるのです．

2 本の直線 ℓ と m が交わるとき ℓ と m のなす角 θ が定まります．ℓ の方向ベクトル w, m の方向ベクトル v を使って

$$\cos\theta = \frac{w \cdot v}{\|w\| \, \|v\|}$$

で θ を測ればよいのです．

3.2　ミンコフスキー平面内の直線

ミンコフスキー平面 $\mathbb{L}^2$ 内の直線を考えます．この場合もベクトルを使って

$$x = a + uw, \quad u \in \mathbb{R}$$

と表せますが，ユークリッド平面のときと違って w の性質で場合分けされます．

定義 3.1 $\mathbb{L}^2$ 内の直線 $x = a + uw$ は

- w が空間的ベクトルのとき**空間的直線**（spacelike line）という．
- w が時間的ベクトルのとき**時間的直線**（timelike line）という．
- w が光的ベクトルのとき**光的直線**（lightlike line）という．

交わる 2 直線の間の角を考えることはできるでしょうか．ユークリッド平面では

$$-1 \leqq \frac{w \cdot v}{\|w\| \, \|v\|} \leqq 1$$

がすべての $\boldsymbol{v} \neq \mathbf{0}$, $\boldsymbol{w} \neq \mathbf{0}$ について成り立っていました．したがって

$$\cos\theta = \frac{\boldsymbol{w}\cdot\boldsymbol{v}}{\|\boldsymbol{w}\|\,\|\boldsymbol{v}\|}$$

をみたす θ を $0 \leqq \theta \leqq \pi$ の範囲で定めることができます．

ミンコフスキー平面ではどうでしょうか．まず“ベクトルの長さ”から再考が必要です．$\langle \boldsymbol{v}, \boldsymbol{v}\rangle \geqq 0$ とは限らないので

$$|\boldsymbol{v}| = \sqrt{|\langle \boldsymbol{v}, \boldsymbol{v}\rangle|}$$

を“長さ”のように扱うことにしましょう．しかし

$$-1 \leqq \frac{\langle \boldsymbol{w}, \boldsymbol{v}\rangle}{|\boldsymbol{w}|\,|\boldsymbol{v}|} \leqq 1$$

となるとは限りません．そこで角を限定的に考えることになります．次の節からベクトルのなす角を2つの場合に分けて考察しましょう．

3.3 空間的ベクトルのなす角

$\boldsymbol{a}$ と $\boldsymbol{b}$ がともに空間的ベクトルのとき，ユークリッド平面のときのように

$$\frac{\langle \boldsymbol{a}, \boldsymbol{b}\rangle}{\sqrt{\langle \boldsymbol{a}, \boldsymbol{a}\rangle}\,\sqrt{\langle \boldsymbol{b}, \boldsymbol{b}\rangle}} = \frac{\langle \boldsymbol{a}, \boldsymbol{b}\rangle}{|\boldsymbol{a}|\,|\boldsymbol{b}|}$$

という量を考えてみましょう．この量は実数であることはわかりますが，

$$-1 \leqq \frac{\langle \boldsymbol{a}, \boldsymbol{b}\rangle}{|\boldsymbol{a}|\,|\boldsymbol{b}|} \leqq 1$$

かどうかはわかりません．Dzan のアイディア [117] を紹介しましょう (1984)．角の概念を複素数に拡げます．すなわち

$$\cos\psi = \frac{\langle \boldsymbol{a}, \boldsymbol{b}\rangle}{|\boldsymbol{a}|\,|\boldsymbol{b}|} \tag{3.1}$$

となる複素数 ψ を定めることを考えるのです．三角函数と双曲線函数の関係式

$$\cos(\mathtt{i}\phi) = \cosh\phi, \quad \cos(\pi - \mathtt{i}\phi) = -\cosh\phi$$

を用います．$\mathtt{i}$ は虚数単位 $\mathtt{i} = \sqrt{-1}$ を表します．

- $-1 \leqq \dfrac{\langle \boldsymbol{a}, \boldsymbol{b} \rangle}{|\boldsymbol{a}|\,|\boldsymbol{b}|} \leqq 1$ のとき：このときは

$$\cos\psi = \frac{\langle \boldsymbol{a}, \boldsymbol{b} \rangle}{|\boldsymbol{a}|\,|\boldsymbol{b}|}$$

をみたす ψ で $0 \leqq \psi \leqq \pi$ をみたすものがただ 1 つ定まります．
- $\dfrac{\langle \boldsymbol{a}, \boldsymbol{b} \rangle}{|\boldsymbol{a}|\,|\boldsymbol{b}|} > 1$ のとき：(3.1) をみたす ψ を次のように定めます．
虚数単位 i を用いて

$$\cos(\phi\mathtt{i}) = \cosh\phi = \frac{\langle \boldsymbol{a}, \boldsymbol{b} \rangle}{|\boldsymbol{a}|\,|\boldsymbol{b},}$$

をみたす $\phi > 0$ はただ 1 つ決まります．そこで $\psi = \phi\mathtt{i}$ と定めます．
- $\dfrac{\langle \boldsymbol{a}, \boldsymbol{b} \rangle}{|\boldsymbol{a}|\,|\boldsymbol{b}|} < -1$ のとき：

$$\cos(\pi - \phi\mathtt{i}) = -\cosh\theta = \frac{\langle \boldsymbol{a}, \boldsymbol{b} \rangle}{|\boldsymbol{a}|\,|\boldsymbol{b}|}$$

をみたす $\phi > 0$ はただ 1 つ決まります．そこで $\psi = \pi - \phi\mathtt{i}$ と定めます．

Dzan はここで定めた ψ を**扇度**（sectorial measure）と名付けました．

3.4 時間的ベクトルのなす角

$\boldsymbol{a}$ と $\boldsymbol{b}$ がともに**時間的ベクトル**のときを考えましょう．扇度 ψ を前節のように定義します．$\langle \boldsymbol{a}, \boldsymbol{a} \rangle < 0$ かつ $\langle \boldsymbol{b}, \boldsymbol{b} \rangle < 0$ であることに注意しましょう．

$$|\boldsymbol{a}| = \sqrt{|\langle \boldsymbol{a}, \boldsymbol{a} \rangle|} = \sqrt{-\langle \boldsymbol{a}, \boldsymbol{a} \rangle}$$

ですから

$$\sqrt{\langle \boldsymbol{a}, \boldsymbol{a} \rangle} = |\boldsymbol{a}|\mathtt{i}$$

と表せます．したがって

$$\frac{\langle \boldsymbol{a},\boldsymbol{b}\rangle}{\sqrt{\langle \boldsymbol{a},\boldsymbol{a}\rangle}\sqrt{\langle \boldsymbol{b},\boldsymbol{b}\rangle}} = -\frac{\langle \boldsymbol{a},\boldsymbol{b}\rangle}{|\boldsymbol{a}|\,|\boldsymbol{b}|}$$

が成り立ちます．

- $-1 \leqq \dfrac{\langle \boldsymbol{a},\boldsymbol{b}\rangle}{\sqrt{\langle \boldsymbol{a},\boldsymbol{a}\rangle}\sqrt{\langle \boldsymbol{b},\boldsymbol{b}\rangle}} \leqq 1$ のとき：

  $$\cos\psi = \frac{\langle \boldsymbol{a},\boldsymbol{b}\rangle}{\sqrt{\langle \boldsymbol{a},\boldsymbol{a}\rangle}\sqrt{\langle \boldsymbol{b},\boldsymbol{b}\rangle}}$$

  をみたす ψ で $0 \leqq \psi \leqq \pi$ がただひとつ定まります．
- $\dfrac{\langle \boldsymbol{a},\boldsymbol{b}\rangle}{\sqrt{\langle \boldsymbol{a},\boldsymbol{a}\rangle}\sqrt{\langle \boldsymbol{b},\boldsymbol{b}\rangle}} > 1$ のとき：

  $$\cos(-\phi\mathtt{i}) = \cosh\phi = \frac{\langle \boldsymbol{a},\boldsymbol{b}\rangle}{|\boldsymbol{a}|\,|\boldsymbol{b}|}$$

  をみたす $\phi > 0$ はただひとつ決まります．そこで $\psi = -\phi\mathtt{i}$ と定めます．$\phi > 0$ は

  $$\cosh\phi = -\frac{\langle \boldsymbol{a},\boldsymbol{b}\rangle}{|\boldsymbol{a}|\,|\boldsymbol{b}|\,SS} \tag{3.2}$$

  で定まることに注意してください．
- $\dfrac{\langle \boldsymbol{a},\boldsymbol{b}\rangle}{|\boldsymbol{a}|\,|\boldsymbol{b}|} < -1$ のとき：

  $$\cos(\pi + \phi\mathtt{i}) = -\cosh\theta = \frac{\langle \boldsymbol{a},\boldsymbol{b}\rangle}{|\boldsymbol{a}|\,|\boldsymbol{b}|}$$

  をみたす $\phi > 0$ はただひとつ決まります．そこで $\psi = \pi + \theta\mathtt{i}$ と定めます．この場合，$\phi > 0$ は

  $$\cosh\theta = \frac{\langle \boldsymbol{a},\boldsymbol{b}\rangle}{|\boldsymbol{a}|\,|\boldsymbol{b}|}$$

  で定まります．

3.5 他の場合

$|\boldsymbol{a}| \neq 0$ かつ $|\boldsymbol{b}| \neq 0$ の場合で,

- $\boldsymbol{a}$ と $\boldsymbol{b}$ がともに空間的ベクトル,
- $\boldsymbol{a}$ と $\boldsymbol{b}$ がともに時間的ベクトル

という場合でないときは

$$\frac{\langle \boldsymbol{a}, \boldsymbol{b} \rangle}{\sqrt{\langle \boldsymbol{a}, \boldsymbol{a} \rangle}\sqrt{\langle \boldsymbol{b}, \boldsymbol{b} \rangle}}$$

は純虚数になります．そこで次のように定めます．

$$\frac{\langle \boldsymbol{a}, \boldsymbol{b} \rangle}{\sqrt{\langle \boldsymbol{a}, \boldsymbol{a} \rangle}\sqrt{\langle \boldsymbol{b}, \boldsymbol{b} \rangle}} \in \mathbb{R}\mathrm{i} = \{t\mathrm{i} \mid t \in \mathbb{R}\}$$

のとき

$$\cos\left(\frac{\pi}{2} + \nu\mathrm{i}\right) = \frac{\langle \boldsymbol{a}, \boldsymbol{b} \rangle}{\sqrt{\langle \boldsymbol{a}, \boldsymbol{a} \rangle}\sqrt{\langle \boldsymbol{b}, \boldsymbol{b} \rangle}}$$

となる $\nu \in \mathbb{R}$ がただひとつ定まるので

$$\psi = \frac{\pi}{2} + \nu\mathrm{i}$$

と定める．面倒だなと思ったかもしれませんが，このように定義しておくと次の定理が成り立つのです．

定理 3.1 $|\boldsymbol{a}| \neq 0$, $|\boldsymbol{b}| \neq 0$ かつ $\langle \boldsymbol{a}, \boldsymbol{b} \rangle = 0$ ならば $\boldsymbol{a}$ と $\boldsymbol{b}$ のなす扇度 ψ は $\psi = \pi/2$ である．

ここまで Dzan による扇度を紹介してきましたが，Helzer（1974）による擬角（pseudo-angle）という概念も使われています[*1]．少々，込み入ってますが，擬角は以下の手続きで定義されます．

---

*1 文献 [128] が入手しにくい読者は Verstraelen による解説 [200] を参照してください．

(1) ベクトル $\boldsymbol{v} = (v_1, v_2)$ に対し

$$\Phi(\boldsymbol{v}) = \begin{cases} \log|v_1 + v_2|, & v_1 + v_2 \neq 0 \\ -\log|v_1 - v_2|, & v_1 + v_2 = 0 \end{cases}$$

と定める.

(2) ベクトルの順序を指定した組（順序対）$\{\boldsymbol{v}, \boldsymbol{w}\}$ に対し

$$\Psi(\boldsymbol{v}, \boldsymbol{w}) = \Phi(\boldsymbol{w}) - \Phi(\boldsymbol{v})$$

と定め，これを $\boldsymbol{v}$ から $\boldsymbol{w}$ へ測った**擬角**とよぶ.

たとえば $\{\boldsymbol{v}, \boldsymbol{w}\}$ がともに単位ベクトルで v_2 と w_2 が同じ符号であれば

$$\cosh \Psi(\boldsymbol{v}, \boldsymbol{w}) = -\frac{\langle \boldsymbol{v}, \boldsymbol{w} \rangle}{|\boldsymbol{v}|\,|\boldsymbol{w}|} \tag{3.3}$$

が成り立ちます.

3.6 向き付け．空間と時間と

時間的ベクトルの組 $\{\boldsymbol{a}, \boldsymbol{b}\}$ の扇度を特殊相対性理論の観点から考察します. そのために（やや抽象的ですが）向き付け（orientation）を説明します．向き付けの概念はユークリッド内積もミンコフスキー内積も要らないので，数平面で説明します.

数平面 $\mathbb{R}^2$ において基底 $\mathcal{A} = \{\boldsymbol{a}_1, \boldsymbol{a}_2\}$ を 1 組選び固定します．この基底を**基準**とします．くどいですが，ともかく基底を 1 つ選び，それを基準にして向きを定義するのです.

別の基底 $\mathcal{B} = \{\boldsymbol{b}_1, \boldsymbol{b}_2\}$ をとります．ベクトル $\boldsymbol{b}_1, \boldsymbol{b}_2$ を基底 $\mathcal{A} = \{\boldsymbol{a}_1, \boldsymbol{a}_2\}$ を用いて

$$\begin{cases} \boldsymbol{b}_1 = p_{11}\boldsymbol{a}_1 + p_{21}\boldsymbol{a}_2 \\ \boldsymbol{b}_2 = p_{12}\boldsymbol{a}_1 + p_{22}\boldsymbol{a}_2 \end{cases}$$

と表示します．ここで出てきた 4 つの実数 p_{11}，p_{12}，p_{21}，p_{22} を並べて行列

$$P = \begin{pmatrix} p_{11} & p_{12} \\ p_{21} & p_{22} \end{pmatrix}$$

を作ります．この行列 P を基底を $\{\boldsymbol{a}_1, \boldsymbol{a}_2\}$ から $\{\boldsymbol{b}_1, \boldsymbol{b}_2\}$ に取り替える際の**基底の取り替え行列**とよびます．取り替え行列 P は必ず逆行列を持ちます（なぜか，理由を考えてください）．したがって $\det P \neq 0$ です．

そこで $\det P > 0$ のとき $\{\boldsymbol{b}_1, \boldsymbol{b}_2\}$ を**正の基底**，$\det P < 0$ のとき $\{\boldsymbol{b}_1, \boldsymbol{b}_2\}$ を**負の基底**と定めます．基準に選んだ基底 $\{\boldsymbol{a}_1, \boldsymbol{a}_2\}$ はもちろんですが，正の基底です．

註 3.1 基底 $\mathcal{A}$ と正則行列 P に対し新しい基底 $\mathcal{A}P$ を

$$\mathcal{A}P = \{\boldsymbol{a}_1, \boldsymbol{a}_2\}P = \{\boldsymbol{a}_1, \boldsymbol{a}_2\}\begin{pmatrix} p_{11} & p_{12} \\ p_{21} & p_{22} \end{pmatrix} = \{p_{11}\boldsymbol{a}_1 + p_{21}\boldsymbol{a}_2, p_{12}\boldsymbol{a}_1 + p_{22}\boldsymbol{a}_2\}$$

で定めることができる．

基底 $\{\boldsymbol{b}_1, \boldsymbol{b}_2\}$ を使って定まる座標系を (v_1, v_2) としましょう．すなわち $\boldsymbol{v} \in \mathbb{R}^2$ を

$$\boldsymbol{v} = v_1\boldsymbol{b}_1 + v_2\boldsymbol{b}_2$$

と表すことで定まる実数の（順序のついた）組 (v_1, v_2) のことです．基底 $\{\boldsymbol{b}_1, \boldsymbol{b}_2\}$ が正のとき (v_1, v_2) を正の座標系，$\{\boldsymbol{b}_1, \boldsymbol{b}_2\}$ が負のとき (v_1, v_2) を負の座標系とよびます．このように基底（および同伴する座標系）に正負を定めることを $\mathbb{R}^2$ を**向きづける**といいます．

ユークリッド平面で向き付けを考えます．(x_1, x_2) を座標系にもつユークリッド平面 $\mathbb{E}^2$ では自然な正規直交基底 $\{\boldsymbol{e}_1 = (1,0), \boldsymbol{e}_2 = (0,1)\}$ を基準として基底や座標系に正負の向きを定めます．向きづけられているユークリッド平面を**有向ユークリッド平面**（oriented Euclidean plane）といいます．有向ユークリッド平面を図示する際に右手の親指が $\boldsymbol{e}_1$ と同じ方向に，右手の人差し指が $\boldsymbol{e}_2$ と同じ方向になるようにしたことを思い出してください．そのように対応づけたとき，正の基底は**右手系**とよばれます（負の基底は左手系）．

ミンコフスキー平面についても「向き付け」を考えます．まず最初に次の定義を行います．

(x_1, x_2) を座標系にもつミンコフスキー平面 $\mathbb{L}^2$ において空間的直線

$$\mathbb{R}\boldsymbol{e}_1 = \{\lambda\boldsymbol{e}_1 \mid \lambda \in \mathbb{R}\}, \quad \boldsymbol{e}_1 = (1,0)$$

を**空間軸**（space axis），時間的直線

$$\mathbb{R}e_2 = \{\lambda e_2 \mid \lambda \in \mathbb{R}\}, \quad e_2 = (0,1)$$

を**時間軸**（time axis）とよびます．時間軸について「時間の正負」が大切です．過去と未来の区別が必要ですから．そこで時間的向き付けという概念が必要になります．$\mathbb{L}^2$ において e_2 を**正の向き**の時間的単位ベクトルとしましょう．

$$\mathrm{T}^+ = \{x \mid \langle x,x\rangle < 0,\ \langle x,e_2\rangle < 0\},\ \mathrm{T}^- = \{x \mid \langle x,x\rangle < 0,\ \langle x,e_2\rangle > 0\}$$

とおき，それぞれを**未来的時間錐**（future timecone），**過去的時間錐**（past timecone）とよびます．また T^+ や T^+ に光錐と原点を追加した

$$\mathrm{T}_0^+ = \{x \mid \langle x,x\rangle \leqq 0,\ \langle x,e_2\rangle < 0\},\ \mathrm{T}_0^- = \{x \mid \langle x,x\rangle < 0,\ \langle x,e_2\rangle \geqq 0\}$$

を**未来的因果錐**（future causalcone），**過去的因果錐**（past causalcone）とよびます．

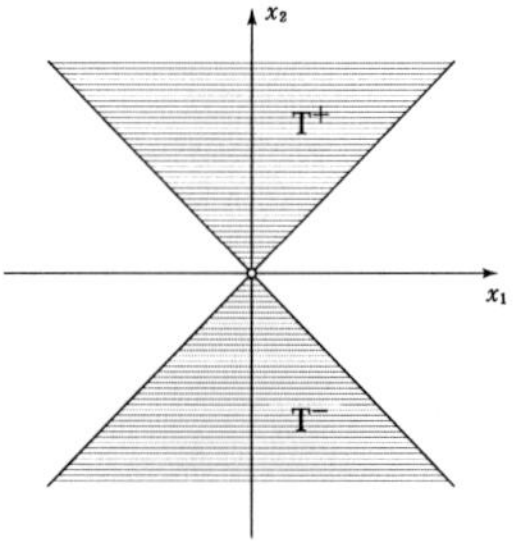

図 3.1 時間錐

註 3.2 時間的ベクトル $\boldsymbol{u}$ に対し $\boldsymbol{u}$ を含む時間錐 $\mathrm{T}(\boldsymbol{u})$ を

$$\mathrm{T}(\boldsymbol{u}) = \{\boldsymbol{w} \in \mathbb{L}^2 \mid \langle \boldsymbol{w},\boldsymbol{w}\rangle < 0,\ \langle \boldsymbol{u},\boldsymbol{w}\rangle < 0\}$$

で定義する．$\boldsymbol{v}$ と $\boldsymbol{w}$ が同じ時間錐に属するための条件は $\langle \boldsymbol{v},\boldsymbol{w}\rangle < 0$ である．$\mathrm{T}(-\boldsymbol{u}) = -\mathrm{T}(\boldsymbol{u}) = \{-\boldsymbol{w} \mid \boldsymbol{w} \in \mathrm{T}(\boldsymbol{u})\}$ に注意．

T^+ の要素は**未来的**時間的ベクトル（future-pointing timelike vector），T^- の要素は**過去的**時間的ベクトル（past-pointing timelike vector）とよばれています．未来的時間的ベクトル，過去的時間的ベクトルという名称は“的”が重複していて見苦しいので，しばしば**未来時間的**ベクトルとか**過去時間的**ベクトルと（ちょっとだけ）略称します．

とくに時間軸に載っているベクトル $(0,t)$ は $t>0$ のとき未来的，$t<0$ のとき過去的です．

補題 3.1 時間的単位ベクトル $\boldsymbol{t}$ に対し $\langle \boldsymbol{t}, \boldsymbol{s}\rangle = 0$ をみたす空間的単位ベクトル $\boldsymbol{s}$ が存在する．$\boldsymbol{t}$ と $\boldsymbol{s}$ は線型独立である．したがって $\{\boldsymbol{t}, \boldsymbol{s}\}$ を $\mathbb{L}^2$ の基底である．

【証明】 $\boldsymbol{t} = (t_1, t_2)$ は $t_1^2 - t_2^2 = -1$ をみたす．そこで $s_1 = t_2$, $s_2 = t_1$ とおくとベクトル $\boldsymbol{s} = (s_1, s_2)$ は空間的単位ベクトルで $\langle \boldsymbol{t}, \boldsymbol{s}\rangle = 0$ をみたす．$a\boldsymbol{t} + b\boldsymbol{s} = \boldsymbol{0}$ とおくと，この方程式は

$$
\begin{pmatrix} a & b \\ b & a \end{pmatrix} \begin{pmatrix} t_1 \\ t_2 \end{pmatrix} = \boldsymbol{0} \tag{3.4}
$$

と同値．ここで $t_1^2 - t_2^2 = -1$ より $t_2 \neq \pm t_1$，すなわち $\boldsymbol{t} \pm \boldsymbol{s} \neq \boldsymbol{0}$ に注意．方程式 $a\boldsymbol{t} + b\boldsymbol{s} = \boldsymbol{0}$ が非自明な解 $\{a, b\}$，すなわち $(a,b) = (0,0)$ でない解をもち得るのは

$$
\det \begin{pmatrix} a & b \\ b & a \end{pmatrix} = a^2 - b^2 = 0
$$

のとき，すなわち $b = \pm a \neq 0$ の場合である．実際，$a^2 - b^2 \neq 0$ であれば $\begin{pmatrix} a & b \\ b & a \end{pmatrix}$ は逆行列をもつ．(3.4) の両辺に左から $\begin{pmatrix} a & b \\ b & a \end{pmatrix}^{-1}$ をかけると $(t_1, t_2) = (0,0)$ を得る．これは $t_1^2 - t_2^2 = -1$ に矛盾する．

そこで $b = \pm a$ の場合を調べると $a\boldsymbol{t} + b\boldsymbol{s} = a(\boldsymbol{t} \pm \boldsymbol{s}) = \boldsymbol{0}$ となるが，$\boldsymbol{t} \pm \boldsymbol{s} \neq \boldsymbol{0}$ だから $a = 0$ しかない．これは矛盾．以上より $a\boldsymbol{t} + b\boldsymbol{s} = \boldsymbol{0}$ の解は $a = b = 0$ のみ．■

時間的ベクトルの組 $\{\boldsymbol{a},\boldsymbol{b}\}$ に対し $\boldsymbol{t}=\boldsymbol{a}/|\boldsymbol{a}|$ とおくと時間的単位ベクトルです．補題 3.1 より $\boldsymbol{t}$ を含む基底 $\{\boldsymbol{t},\boldsymbol{s}\}$ が採れます．

そこで $\boldsymbol{b}=\lambda\boldsymbol{t}+\mu\boldsymbol{s}$ と表します．また $a=|\boldsymbol{a}|>0$ とおくと

$$\langle\boldsymbol{a},\boldsymbol{a}\rangle=-a^2<0,\quad \langle\boldsymbol{b},\boldsymbol{b}\rangle=-\lambda^2+\mu^2<0,\quad \langle\boldsymbol{a},\boldsymbol{b}\rangle=-a\lambda$$

が得られます．ここから次の有用な事実がわかります．

命題 3.1 2つの時間的ベクトル $\boldsymbol{a},\boldsymbol{b}$ に対し

$$\langle\boldsymbol{a},\boldsymbol{b}\rangle<0 \Longleftrightarrow \boldsymbol{a},\boldsymbol{b}\ \text{はともに未来的か，ともに過去的.}$$

$\langle\boldsymbol{a},\boldsymbol{b}\rangle$ をさらに調べましょう．

$$\langle\boldsymbol{a},\boldsymbol{b}\rangle^2=a^2\lambda^2=a^2\{\mu^2+(-\langle\boldsymbol{b},\boldsymbol{b}\rangle)\}\geqq a^2(-\langle\boldsymbol{b},\boldsymbol{b}\rangle)=\langle\boldsymbol{a},\boldsymbol{a}\rangle\langle\boldsymbol{b},\boldsymbol{b}\rangle.$$

とくに等号成立は $\mu=0$ のとき，すなわち $\boldsymbol{a}/\!/\boldsymbol{b}$ のときです．以上より次の「逆向きのコーシー・シュヴァルツの不等式」が得られました．

定理 3.2 2つの時間的ベクトル $\boldsymbol{a},\boldsymbol{b}$ に対し

$$|\langle\boldsymbol{a},\boldsymbol{b}\rangle|\geqq\langle\boldsymbol{a},\boldsymbol{a}\rangle\langle\boldsymbol{b},\boldsymbol{b}\rangle \tag{3.5}$$

が成立する．等号成立は $\boldsymbol{a}/\!/\boldsymbol{b}$ のときである．

時間的ベクトル間の扇度を再考しましょう．2本の時間的ベクトル $\{\boldsymbol{a},\boldsymbol{b}\}$ がともに未来的またはともに過去的ならば $\langle\boldsymbol{a},\boldsymbol{b}\rangle<0$ でした．したがって

$$\frac{\langle\boldsymbol{a},\boldsymbol{b}\rangle}{|\boldsymbol{a}|\,|\boldsymbol{b}|}<0$$

です．ここで逆向きのコーシー・シュヴァルツの不等式より

$$-\frac{\langle\boldsymbol{a},\boldsymbol{b}\rangle}{|\boldsymbol{a}|\,|\boldsymbol{b}|}\geqq 1$$

が得られます．したがって式 (3.2) で見たように

$$\cosh\phi=-\frac{\langle\boldsymbol{a},\boldsymbol{b}\rangle}{|\boldsymbol{a}|\,|\boldsymbol{b}|}$$

をみたす $\phi>0$ が唯一存在します (扇度は $-\phi\mathtt{i}$)．

系 3.1 ともに未来的またはともに過去的である時間的ベクトル $\boldsymbol{a}$，$\boldsymbol{b}$ に対し

$$\langle \boldsymbol{a}, \boldsymbol{b} \rangle = -|\boldsymbol{a}|\,|\boldsymbol{b}| \cosh\phi$$

をみたす $\phi \geqq 0$ が唯一存在する．

この系を見ると「余弦定理」に相当する定理を期待したくならないでしょうか．ここでは次の状況下で考えることにします．未来的時間錐 T^{+} 内の 2 点 P，Q と原点 O を線分で結んでできる三角形 OPQ を考えます[*2]．P と Q の位置ベクトルをそれぞれ $\boldsymbol{p} = \overrightarrow{\mathrm{OP}}$，$\boldsymbol{q} = \overrightarrow{\mathrm{OQ}}$ とします．両者はともに未来的な時間的ベクトルですから

$$\langle \boldsymbol{p}, \boldsymbol{q} \rangle = -|\boldsymbol{p}|\,|\boldsymbol{q}| \cosh\phi$$

をみたす $\phi \geqq 0$ が唯一存在します．この ϕ を**擬角**とよびます[*3]．すると

$$\begin{aligned}\left\langle \overrightarrow{\mathrm{PQ}}, \overrightarrow{\mathrm{PQ}} \right\rangle &= \langle \boldsymbol{q}-\boldsymbol{p}, \boldsymbol{q}-\boldsymbol{p} \rangle = -|\boldsymbol{q}|^2 - |\boldsymbol{p}|^2 - 2\langle \boldsymbol{q}, \boldsymbol{p} \rangle \\ &= -\left(|\boldsymbol{q}|^2 + |\boldsymbol{p}|^2 - 2|\boldsymbol{q}||\boldsymbol{p}| \cosh\phi\right)\end{aligned}$$

が得られます．これは余弦定理の類似とみなせます．

定理 3.3 (時間的余弦定理) 未来的時間錐 T^{+} 内の 2 点 P と Q に対し

$$\left|\overrightarrow{\mathrm{PQ}}\right|^2 = \left|\overrightarrow{\mathrm{OP}}\right|^2 + \left|\overrightarrow{\mathrm{OQ}}\right|^2 + 2\left|\overrightarrow{\mathrm{OP}}\right|\,\left|\overrightarrow{\mathrm{OQ}}\right| \cosh\phi$$

が成り立つ．

ここでもし

$$\left\langle \overrightarrow{\mathrm{OP}}, \overrightarrow{\mathrm{PQ}} \right\rangle = 0$$

[*2] $\triangle$OPQ は未来的因果錐 T_0^{+} に含まれています．三角形はユークリッド平面だけでなくミンコフスキー平面でも意味をもちます．より一般に数平面で意味をもちます．9.7 節で改めて説明します．

[*3] ともに未来的な時間的ベクトルの間の（Helzer による）擬角はここでいう擬角と一致します．

という条件がみたされると

$$0 = \langle \boldsymbol{p}, \boldsymbol{q} - \boldsymbol{p} \rangle = -|\boldsymbol{p}||\boldsymbol{q}| \cosh \phi + |\boldsymbol{p}|^2 = -|\boldsymbol{p}| \left(|\boldsymbol{q}| \cosh \phi - |\boldsymbol{p}| \right)$$

より $|\boldsymbol{p}| = |\boldsymbol{q}| \cosh \phi$ が導かれます．

$$-\left\langle \overrightarrow{\mathrm{PQ}}, \overrightarrow{\mathrm{PQ}} \right\rangle = |\boldsymbol{q}|^2 - |\boldsymbol{q}|^2 \cosh^2 \phi = |\boldsymbol{q}|^2 \sinh^2 \phi$$

より $\overrightarrow{\mathrm{PQ}}$ は空間的であることがわかりました．

定理 3.4 ミンコフスキー平面 $\mathbb{L}^2$ 上の 2 点 P と Q は次をみたすとする．

- $\boldsymbol{p} = \overrightarrow{\mathrm{OP}}, \boldsymbol{q} = \overrightarrow{\mathrm{OQ}}$ はともに未来的な時間的ベクトル．
- $\langle \overrightarrow{\mathrm{OP}}, \overrightarrow{\mathrm{PQ}} \rangle = 0$.

このとき

$$|\boldsymbol{p}| = |\boldsymbol{q}| \cosh \phi, \quad |\overrightarrow{\mathrm{PQ}}| = |\boldsymbol{q}| \sinh \phi$$

が成り立つ．

$\overrightarrow{\mathrm{OP}}$ と $\overrightarrow{\mathrm{OQ}}$ が未来時間的な三角形 OPQ において

$$|\mathrm{OP}| = |\overrightarrow{\mathrm{OP}}|, \quad |\mathrm{OQ}| = |\overrightarrow{\mathrm{OQ}}|, \quad |\mathrm{PQ}| = |\overrightarrow{\mathrm{PQ}}|$$

をそれぞれ辺 OP，辺 OQ，辺 PQ の“ミンコフスキー的長さ”とよぶことにします．

この三角形において $\langle \overrightarrow{\mathrm{OP}}, \overrightarrow{\mathrm{PQ}} \rangle = 0$ ならば辺 OP，辺 PQ の“ミンコフスキー的長さ”は定理 3.4 に示したやり方で計算できます．この方法の応用を次節で解説しましょう．

問題 3.1 $\boldsymbol{a}$ と $\boldsymbol{b}$ がともに未来時間的ベクトルならば

- $\langle \boldsymbol{a}, \boldsymbol{b} \rangle < 0$.
- $\boldsymbol{a} + \boldsymbol{b}$ も未来時間的ベクトルであり

- 逆向きの三角不等式 $|\boldsymbol{a}+\boldsymbol{b}| \geq |\boldsymbol{a}|+|\boldsymbol{b}|$ が成り立つ．等号成立は $\boldsymbol{a}$ と $\boldsymbol{b}$ が線型従属のときであり，そのときに限る．

以上を示せ．

【研究課題】 ミンコフスキー平面 $\mathbb{L}^2$ における三角法（正弦定理，余弦定理等）について詳しく調べましょう．文献 [95] が参考になります．正弦定理については 9.8 節で解説します．

3.7 時間の遅れ

直線上の質点の運動を考えます．位置 x は時刻 t の函数ですから xt 平面内の直線で表すことができます．光の速度は真空中で一定値 $c = 3.0 \times 10^8 \mathrm{m/s}$ です．光速度 c は大きすぎるので，距離と時間の単位を取り替えて $c = 1$ となるよう調整します．時間の単位は年とします．このように調整しておいた xt 平面の空間座標を x_1，時間座標を x_2 で表すことにしましょう．前の章で説明したように，この調整で得られた数平面はミンコフスキー平面に他なりません．光速度不変の原理から光以外の物体の速度 v は $|v| < 1$ であることに注意してください．

ここで「時間の遅れ」を紹介しましょう [181].

> ピーターとポールという双子がいる．21 歳の誕生日のこと．ピーターは準光速（光速に近い速度）のロケットである星に向かった．ポールの方は地球に留まった．ロケット内の時計で 7 年がたち，ピーターは星へ着き，すぐさまピーターは地球に引き返した．

21 歳の誕生日のロケットの発射時刻を $x_2 = 0$ としましょう．またロケットの位置を $x_1 = 0$ とします．すなわちロケットの発射の瞬間という事象 (event) を $\mathbb{L}^2$ の原点と考えるのです．簡単のため，ロケットの着地点と発射地点は線分で結べるとします（直線上の運動として扱う）．またロケットが一定の速さ v で進むとします．$|v| < 1$ に注意してください．ロケットが星に到

着した瞬間という事象は $Q(x,t)$ という点で表されます．星から帰路をとり地球に到着した瞬間という事象は $R(0,2t)$ という点で表されます．事象 $(0,t)$ を点 P で表します (図 3.2).

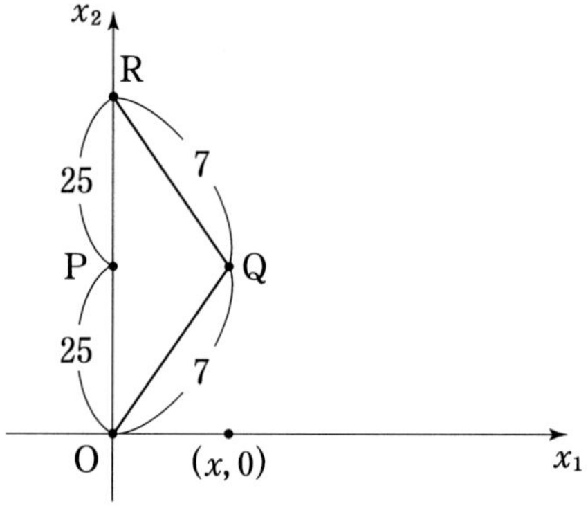

図 3.2　ピーターとポール

ピーターにとっての時間の流れは $7+7=14$ 年ですから，ピーターは地球に着いた瞬間には $21+7+7=35$ 歳です．

一方，ポールの場合はどうでしょうか．

$\overrightarrow{\mathrm{OP}}=(0,t)$ と $\overrightarrow{\mathrm{OQ}}=(x,t)$ はともに未来的な時間的ベクトルです．一方 $\overrightarrow{\mathrm{PQ}}=(x,0)$ は空間的ベクトルです．とくに

$$\left\langle\overrightarrow{\mathrm{OP}},\overrightarrow{\mathrm{PQ}}\right\rangle=0$$

をみたしています．そこで $\boldsymbol{p}=\overrightarrow{\mathrm{OP}}$ と $\boldsymbol{q}=\overrightarrow{\mathrm{OQ}}$ の間の擬角を ϕ とすると

$$|\boldsymbol{q}|=\sqrt{t^2-x^2},\quad |\boldsymbol{p}|=|\boldsymbol{q}|\cosh\phi=t,\quad \left|\overrightarrow{\mathrm{PQ}}\right|=|\boldsymbol{q}|\sinh\phi=x>0$$

となりますね．ロケットは一定の速度 $v>0$ で進むので $v=x/t$ であることに注意しましょう．これを用いると

$$
\begin{aligned}
|\boldsymbol{q}| &= t\sqrt{1-v^2},\\
t = |\boldsymbol{p}| &= |\boldsymbol{q}|\cosh\phi = t\sqrt{1-v^2}\cosh\phi,\\
vt = x = |\overrightarrow{\mathrm{PQ}}| &= |\boldsymbol{q}|\sinh\phi = t\sqrt{1-v^2}\sinh\phi.
\end{aligned}
$$

2 番目と 3 番目の式から

$$\cosh\phi = \frac{1}{\sqrt{1-v^2}}, \quad \sinh\phi = \frac{v}{\sqrt{1-v^2}}$$

を得るから $v = \tanh\phi$ がわかりました．ロケット内の時計で 7 年経ったということは $|\boldsymbol{q}| = 7$ を意味します．すると $7 = |\boldsymbol{q}| = t\sqrt{1-v^2}$ より $t = 7/\sqrt{1-v^2}$ となります．たとえば $v = 24/25 < 1$ のときに計算してみると

$$t = \frac{7}{\sqrt{1-(24/25)^2}} = \frac{7}{\sqrt{\frac{25^2-24^2}{25^2}}} = 25$$

となります．つまりロケット内で 7 年経ったときに地球では 25 年が経過しています．ピーターが地球に戻ったときポールの年齢は $21+25+25=71$ 歳なのです．時間の遅れは特殊相対性理論から導かれる物理学上の事実ですが，「逆向きのコーシー・シュヴァルツの不等式」の帰結であること（**幾何学的に導けること**）も見逃さないでください．

余談ながら『ドラえもん』の「竜宮城の 8 日間」というエピソードには「時間の遅れ」が出てきます．スネ夫のせりふに「相対性理論」が出てきます [75].

【ひとこと】　高等学校でコーシー・シュワルツの名称で学ぶ不等式

$$\left(\sum_{k=1}^{n} x_k y_k\right)^2 \leqq \left(\sum_{k=1}^{n} x_k^2\right)\left(\sum_{k=1}^{n} y_k^2\right),$$

はコーシー（Augustin Louis Cauchy, 1789–1857）によって証明された（1821）．等号成立は $x_1 : x_2 : \cdots : x_n = y_1 : y_2 : \cdots : y_n$ のときのみ．コーシー・シュヴァルツの不等式という名称は，定積分（ルベーグ 2 乗積分可能函数）に関する同様の不等式をシュヴァルツ（Karl Hermann Amandus Schwarz, 1843-1921）が示したことに由来する（ブニャコフスキー，V. Y. Bunyakovsky が 1859 年に示していた）．一松信先生は，上記の不等式は「コーシーの不等式」とよぶことが適切ではないかと述べている[*4].

*4 一松信，コーシーの不等式，数学セミナー，2009 年 2 月号，10–13.

4 ミンコフスキー平面の 2 次曲線

この章では $\mathbb{L}^2$ 内の 2 次曲線を調べます.

4.1 ユークリッド平面の 2 次曲線

ユークリッド平面内の基本的な曲線といえば，もちろん直線と円です．これらは基本中の基本，お手本となるものです．ではこれらに続くものは？答えとして 2 次曲線（conic）が挙げられるでしょう．3 種の固有 2 次曲線（楕円，放物線，双曲線）を統一的に述べることから始めます．まず記号の復習から.

$\mathbb{E}^2$ の 2 点 $\mathrm{P}(p_1, p_2)$，$\mathrm{Q}(q_1, q_2)$ に対し P と Q の**ユークリッド距離** $\mathrm{d}(\mathrm{P},\mathrm{Q})$ を

$$\mathrm{d}(\mathrm{P},\mathrm{Q}) = \sqrt{(p_1 - q_1)^2 + (p_2 - q_2)^2}$$

で定義します．次に点 P と直線 ℓ の距離 $\mathrm{d}(\mathrm{P},\ell)$ を

$$\mathrm{d}(\mathrm{P},\ell) = \{\mathrm{d}(\mathrm{P},\mathrm{Q}) \mid \mathrm{Q} \in \ell\} \text{ の最小値}$$

で定義します．次の命題を高等学校で学んでいるでしょう.

命題 4.1 $\mathbb{E}^2$ 内の直線

(4.1) $$\ell : c_1 x_1 + c_2 x_2 + c_0 = 0$$

と点 $\mathrm{P}(p_1, p_2)$ の距離は

(4.2) $$\mathrm{d}(\mathrm{P},\ell) = \frac{|c_1 p_1 + c_2 p_2 + c_0|}{\sqrt{c_1^2 + c_2^2}}$$

で与えられる.

$\mathbb{L}^2$ の場合を考察するためにこの公式の証明を復習しておきます．大事なことは

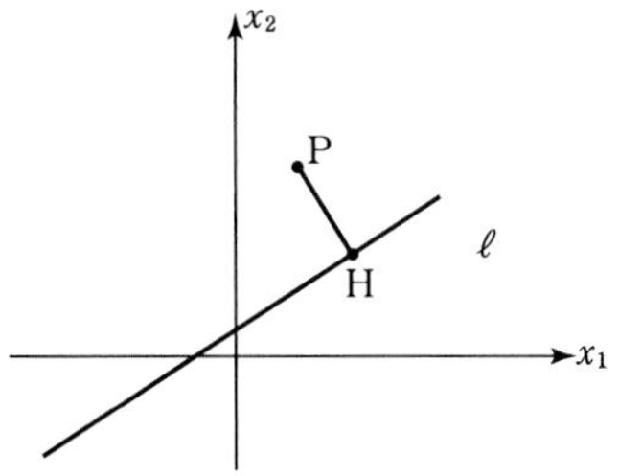

図 4.1　点と直線の距離

- ℓ の方向ベクトルが $\boldsymbol{w} = (c_2, -c_1)$ で与えられること
- P から ℓ へ降ろした垂線の足を $\mathrm{H}(h_1, h_2)$ とすると

$$\mathrm{d}(\mathrm{P}, \ell) = \mathrm{d}(\mathrm{P}, \mathrm{H})$$

　であること

の 2 つです．まず $\overrightarrow{\mathrm{PH}} \cdot \boldsymbol{w} = 0$ より

(4.3) $$c_2(p_1 - h_1) - c_1(p_2 - h_2) = 0.$$

次に H は ℓ 上の点だから

(4.4) $$c_1 h_1 + c_2 h_2 + c_0 = 0$$

をみたしています．(4.3) と (4.4) を連立方程式とみて h_1，h_2 について解けば H の座標が

$$\mathrm{H} = \left(\frac{c_2^2 p_1 - c_1 c_2 p_2 - c_0 c_1}{c_1^2 + c_2^2}, \frac{-c_1 c_2 p_1 + c_1^2 p_2 - c_0 c_2}{c_1^2 + c_2^2} \right)$$

と求められます．これより

$$\overrightarrow{\mathrm{PH}} = \frac{-(c_1 p_1 + c_2 p_2 + c_0)}{c_1^2 + c_2^2} \begin{pmatrix} c_1 \\ c_2 \end{pmatrix}$$

が得られますから (4.2) が証明されました．

3 種の固有 2 次曲線（楕円・放物線・双曲線）は次のように説明されます．

定理 4.1 e を正の定数とする．$\mathbb{E}^2$ 内の 1 点 F と直線 ℓ に対し

$$\mathrm{d}(\mathrm{P},\mathrm{F}) : \mathrm{d}(\mathrm{P},\ell) = \mathrm{e} : 1$$

である点 P の軌跡

$$\mathrm{C} = \{\mathrm{P} \in \mathbb{E}^2 \mid \mathrm{d}(\mathrm{P},\mathrm{F}) : \mathrm{d}(\mathrm{P},\ell) = \mathrm{e} : 1\}$$

は固有 2 次曲線である．e を固有 2 次曲線 C の**離心率**という．

- $0 < \mathrm{e} < 1$ のとき，C は F を焦点 の 1 つとする楕円，
- $\mathrm{e} = 1$ のとき，C は F を焦点，ℓ を準線 とする放物線，
- $1 < \mathrm{e}$ のとき，C は F を焦点の 1 つとする双曲線

である．楕円と双曲線についても ℓ を**準線**とよぶ．

この定理の証明は割愛します (文献 [23, 84] などを見てください)．

たとえば $\mathrm{e} \neq 1$ のとき，$\mathrm{F}(a\mathrm{e},0) \neq (0,0)$ とし

$$\ell : x_1 = \frac{a}{\mathrm{e}}$$

となるように直交座標系 (x_1, x_2) をとれば C は

$$(1-\mathrm{e}^2)x_1^2 + x_2^2 = a^2(1-\mathrm{e}^2)$$

で与えられます．確かに $\mathrm{e} < 1$ なら楕円，$\mathrm{e} > 1$ なら双曲線です．$\mathrm{F}(-a\mathrm{e},0)$ とし ℓ を $x_1 = -a/\mathrm{e}$ と選んでも同じ曲線が得られることを注意しておきます．$\mathrm{e} = 1$ のとき $\mathrm{F}(a,0) \neq (0,0)$ とし

$$\ell : x_1 = -a$$

となるように直交座標系 (x_1, x_2) をとれば C は放物線 $x_2^2 = 4ax_1$ です．

この定理を固有 2 次曲線の定義として採用できることに注意してください．

4.2 $\mathbb{L}^2$ における点と直線の距離

今度はミンコフスキー平面 $\mathbb{L}^2$ を考えます．直線 (4.1) と点 $\mathrm{P}(p_1, p_2)$ の距離に相当する量を考えましょう．$\mathbb{L}^2$ ではユークリッド距離が使えない（意味がない）ので公式 (4.2) も当然，使えません．でも $\mathbb{L}^2$ には「ベクトルの垂直」という概念があります．そこで次のように定義します．

定義 4.1 $\mathbb{L}^2$ 内の 2 本の互いに平行でない直線 ℓ と m はともに**光的でなく** ℓ の方向ベクトル $\boldsymbol{w}$ と m の方向ベクトル $\boldsymbol{v}$ が $\langle \boldsymbol{w}, \boldsymbol{v} \rangle = 0$ をみたすとき ℓ と m は**互いに直交する**という．

ともに光的でないという仮定をした理由を説明しましょう．この定義で直線が光的のときは困ったことが起こります．直線 (4.1) の方向ベクトルとして $\boldsymbol{w} = (c_2, -c_1)$ が採れます．ということは直線 (4.1) に直交する直線は (c_1, c_2) に平行であることがわかります．

$\boldsymbol{w}$ が光的だとすると $\langle \boldsymbol{w}, \boldsymbol{w} \rangle = 0$ より $c_2 = \pm c_1$ です．たとえば $c_1 = c_2 \neq 0$ のとき (4.1) は $c_1(x_1 + x_2) + c_0 = 0$. すなわち $x_1 + x_2 = -c_0/c_1$ となります．$\boldsymbol{v} = (v_1, v_2)$ が $\boldsymbol{w} = (c_1, -c_1)$ と垂直であるという条件は

$$0 = \langle \boldsymbol{w}, \boldsymbol{v} \rangle = c_1 v_1 + c_1 v_2 = c_1(v_1 + v_2)$$

より $v_2 = -v_1$. ということは $\boldsymbol{v}$ と $\boldsymbol{w}$ は平行です！ $c_1 = -c_2$ のときも同様です．したがって光的直線は「自分と垂直な直線は自分と平行な直線」という性質をもっているのです．そこで上の定義では光的直線を考察対象からはずしたのです．

註 4.1 ユークリッド幾何においては平面内の相異なる 2 直線の関係を

$$\begin{cases} \text{交わる} \\ \text{交わらない}(\textbf{平行}) \end{cases}$$

と分け，垂直に交わるとき，**直交する**とよびました．2 直線が一致する場合は「交わる場合の特別なとき」とも「平行な場合の特別なとき」ともみなします．一致する 2 直線

を「交わる 2 直線」の特別な場合とみなしたとき，直交していないことに注意してください．つまり平行かつ直交という場合はないのです．ところがミンコフスキー平面においては，自分自身と平行かつ直交する直線が存在してしまうのです[*1]．第 2 巻，第 16 章の最後で触れる「第 4 の幾何」もユークリッド幾何ではない幾何の一例です．

点 P から直線 (4.1) に降ろした垂線の足に相当する点を求めましょう．それには「P を通り (4.1) と直交する直線」を求めなければなりません．P を通り (4.1) に直交する直線を ℓ' とすると ℓ' はベクトルに関する方程式

$$\langle \boldsymbol{x} - \boldsymbol{p}, \boldsymbol{w} \rangle = 0$$

で決まります．この式を $\boldsymbol{x} = (x_1, x_2)$ の成分を使って書くと

$$c_2 x_1 + c_1 x_2 - c_2 p_1 - c_1 p_2 = 0 \tag{4.5}$$

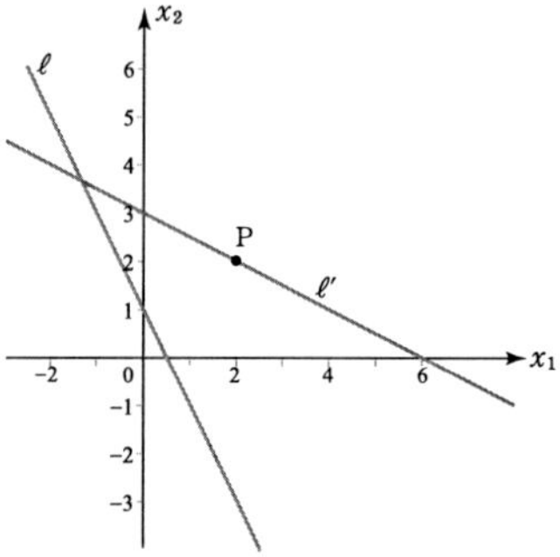

図 4.2 垂直に交わる ($\ell : 2x + y - 1 = 0, \mathrm{P}(2, 2)$)

直線 (4.1) と直線 (4.5) の交点を $\mathrm{H}(h_1, h_2)$ とすると h_1, h_2 は (4.1) と (4.5) を連立方程式とみたときの解 (h_1, h_2) です．連立方程式を解くと

$$\begin{pmatrix} h_1 \\ h_2 \end{pmatrix} = \frac{1}{c_1^2 - c_2^2} \begin{pmatrix} -c_0 c_1 - c_2(c_2 p_1 + c_1 p_2) \\ c_0 c_2 + c_1(c_2 p_1 + c_1 p_2) \end{pmatrix}$$

[*1] そもそも，ミンコフスキー幾何は，ユークリッド幾何とは別の幾何ですから，「ユークリッドの 5 つの公準をすべてみたす」のではないのです．

が得られます．ゆえに

$$\overrightarrow{\mathrm{PH}} = \frac{c_1 p_1 + c_2 p_2 + c_0}{c_1^2 - c_2^2} \begin{pmatrix} -c_1 \\ c_2 \end{pmatrix}. \tag{4.6}$$

これより

$$\langle \overrightarrow{\mathrm{PH}}, \overrightarrow{\mathrm{PH}} \rangle = \frac{(c_1 p_1 + c_2 p_2 + c_0)^2}{c_1^2 - c_2^2}.$$

以上より

$$|\overrightarrow{\mathrm{PH}}| = \frac{|c_1 p_1 + c_2 p_2 + c_0|}{\sqrt{|c_1^2 - c_2^2|}} \tag{4.7}$$

が得られました．

たとえば ℓ が時間的直線 $2x_1 + x_2 - 1 = 0$ のとき，点 $\mathrm{P}(2,2)$ を通り ℓ と直交する直線 ℓ' は空間的直線 $x_1 + 2x_2 - 6 = 0$ であり，両者の交点は $(-4/3, 11/3)$. $|\overrightarrow{\mathrm{PH}}| = 5/\sqrt{3}$ です（図 4.2）.

ユークリッド平面における点と直線の距離 $\mathrm{d}(\mathrm{P}, \ell)$ の代わりに

$$\left|\overrightarrow{\mathrm{PH}}\right| = \sqrt{\left|\left\langle \overrightarrow{\mathrm{PH}}, \overrightarrow{\mathrm{PH}} \right\rangle\right|}$$

あるいは

$$\left\|\overrightarrow{\mathrm{PH}}\right\| = \sqrt{\left\langle \overrightarrow{\mathrm{PH}}, \overrightarrow{\mathrm{PH}} \right\rangle}$$

を使うことが考えられます．

$\overrightarrow{\mathrm{PH}}$ が時間的なときは

$$\left\|\overrightarrow{\mathrm{PH}}\right\| = \left|\overrightarrow{\mathrm{PH}}\right| \mathtt{i}$$

という虚数になることに注意が必要です．

4.3 ミンコフスキー平面内の 2 次曲線

$\mathbb{E}^2$ では固有 2 次曲線は

$$\frac{\left|\overrightarrow{\mathrm{PF}}\right|}{\left|\overrightarrow{\mathrm{PH}}\right|} = \mathtt{e}$$

で定義されました．この式を平方すると

$$\frac{\overrightarrow{\mathrm{PF}} \cdot \overrightarrow{\mathrm{PF}}}{\overrightarrow{\mathrm{PH}} \cdot \overrightarrow{\mathrm{PH}}} = \mathsf{e}^2 > 0$$

です．この平方した式を $\mathbb{L}^2$ でまねてみましょう．

定義 4.2 $\mathsf{e} > 0$ を定数とする．$\mathbb{L}^2$ 内の 1 点 F と光的でない直線 ℓ に対し曲線 C を以下の要領で定義する．

(1) P を通り ℓ と垂直に交わる直線を ℓ' とする．
(2) ℓ と ℓ' の交点を H とする．
(3) $\mathrm{C} \subset \mathbb{L}^2$ を

$$\frac{\left\langle \overrightarrow{\mathrm{PF}}, \overrightarrow{\mathrm{PF}} \right\rangle}{\left\langle \overrightarrow{\mathrm{PH}}, \overrightarrow{\mathrm{PH}} \right\rangle} = \pm \mathsf{e}^2 \tag{4.8}$$

である点 P の軌跡として定める．

この曲線 C のことを F を**焦点**，L を**準線**にもつ $\mathbb{L}^2$ の 2 次曲線という．C の**離心率**を次で定める．

- (4.8) の左辺の符号が正のとき e.
- (4.8) の左辺の符号が負のとき $-\mathsf{e}$.

註 4.2 (石原の定義) 石原徹先生（徳島大学名誉教授）は $\mathbb{L}^2$ 内の 2 次曲線を次のように定義しています (論文 [146]).
定義 $\mathsf{E} \neq 0$ を複素数の定数とする．ただし
- $\mathsf{E} = \mathsf{e} \in \mathbb{R}$, $\mathsf{e} > 0$ または
- $\mathsf{E} = \mathsf{ei}$, $\mathsf{e} \in \mathbb{R}$

とする．$\mathbb{L}^2$ 内の 1 点 F と光的でない直線 ℓ に対し F を焦点，ℓ を**準線**にもつ 2 次曲線を以下の要領で定義する．
(1) P を通り ℓ と垂直に交わる直線を ℓ' とする．
(2) ℓ と ℓ' の交点を H とする．

(3) $C \subset \mathbb{L}^2$ を

$$\frac{\left\|\overrightarrow{PF}\right\|}{\left\|\overrightarrow{PH}\right\|} = \frac{\sqrt{\langle\overrightarrow{PF},\overrightarrow{PF}\rangle}}{\sqrt{\langle\overrightarrow{PH},\overrightarrow{PH}\rangle}} = \mathsf{E}$$

である点 P の軌跡として定める.

C のことを F を焦点, ℓ を**準線**にもつ $\mathbb{L}^2$ の 2 次曲線という. E を**離心率**とよぶ.

4.4　離心率の絶対値が 1 のとき

離心率 1 の 2 次曲線 C を調べます. C 上の点 $X(x_1, x_2)$ は

$$\left\langle\overrightarrow{XF},\overrightarrow{XF}\right\rangle = \left\langle\overrightarrow{XH},\overrightarrow{XH}\right\rangle$$

をみたしています. $\mathbb{E}^2$ のときをまねて $F(a,0)$ とし, ℓ を $x_1 = -a \neq 0$ と選んでみましょう. 焦点 F の位置ベクトルは空間的. 一方, 準線は時間的直線です. (4.6) より $\overrightarrow{XH} = (x_1 + a)(-1,0)$ ですから $\overrightarrow{XH}$ は空間的ベクトルです. $\overrightarrow{XF} = (a - x_1, -x_2)$ より $\langle\overrightarrow{XF},\overrightarrow{XF}\rangle = (x_1 - a)^2 + x_2^2$. したがって C の方程式は $(x_1 + a)^2 = (x_1 - a)^2 + x_2^2$. すなわち

$$x_2^2 = -4ax_1$$

です. これは論文 [146] で**水平的放物線** (horizontal parabola) とよばれています. C 上の点 $P(p_1, p_2)$ を通り ℓ と垂直に交わる直線 ℓ' は $x_2 = p_2$ であり ℓ と ℓ' の交点は $H(-a, p_2)$ です.

ユークリッド平面 $\mathbb{E}^2$ の場合と比較してみましょう. $\mathbb{E}^2$ だと $(a,0)$ を焦点とし $x_1 = -a$ を準線にもつ放物線は $x_2^2 = 4ax_1$ です. この放物線上の点 $Q(q_1, q_2)$ から ℓ へ降ろした垂線は $x_2 = q_2$, 足は $(-a, q_2)$ です.

両者を図示してみましょう (図 4.3).

焦点が $F(a,0)$, 準線が ℓ を $x_1 = -a$ である離心率 −1 の 2 次曲線を求めてみましょう.

$$-(x_1 + a)^2 = (x_1 - a)^2 + x_2^2$$

より $x_2^2 = -2\left(x_1^2 + a^2\right)$ となるから C は空集合です.

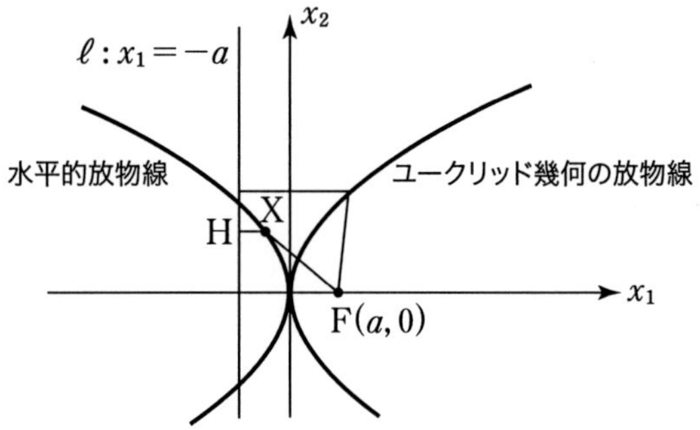

図 4.3　放物線の比較

問題 4.1 F$(0, a)$ を焦点とし $\ell : x_2 = -a$ を準線にもつ $\mathbb{L}^2$ 内の離心率 -1 の 2 次曲線が $x_1^2 = -4ax_2$ で与えられることを示せ．焦点の位置ベクトルは時間的，ℓ は空間的である．この放物線は**鉛直的放物線**（vertical parabola）とよばれている．離心率 1 の場合も調べよ．

4.5　離心率が正で 1 未満の場合

離心率が $\mathrm{e} \in (0, 1)$ である場合を調べます．焦点を F$(0, a\mathrm{e})$, 準線を $\ell : x_2 = a/\mathrm{e}$ と選びます．まず $\mathbb{E}^2$ の場合を観察しておきます．この焦点と準線で定まる $\mathbb{E}^2$ の 2 次曲線は（縦長の）楕円

$$\frac{x_1^2}{a^2(1-\mathrm{e}^2)} + \frac{x_2^2}{a^2} = 1$$

であることを確かめてください．

$$a_2 = a, \quad a_1 = a_2\sqrt{1-\mathrm{e}^2} \tag{4.9}$$

とおくと $a_2 > a_1$ であり標準形

$$\frac{x_1^2}{a_1^2} + \frac{x_2^2}{a_2^2} = 1$$

が得られます．この楕円の焦点と準線はそれぞれ

$$\mathrm{F}\left(0, \sqrt{a_2^2 - a_1^2}\,\right), \quad \ell : x_2 = \frac{a_2^2}{\sqrt{a_2^2 - a_1^2}}$$

と書き直せ，もう 1 つの焦点は $\mathrm{F}'\left(0, -\sqrt{a_2^2 - a_1^2}\,\right)$ です．離心率は $\mathrm{e} = \sqrt{a_2^2 - a_1^2}/a_2$ です．

$\mathbb{L}^2$ のときはどうでしょうか．

$$\overrightarrow{\mathrm{XH}} = -\left(x_2 - \frac{a}{\mathrm{e}}\right)\begin{pmatrix} 0 \\ 1 \end{pmatrix}, \quad \overrightarrow{\mathrm{XF}} = -\begin{pmatrix} x_1 \\ x_2 - a\mathrm{e} \end{pmatrix}$$

より定義式

$$\left\langle \overrightarrow{\mathrm{XF}}, \overrightarrow{\mathrm{XF}} \right\rangle = \mathrm{e}^2 \left\langle \overrightarrow{\mathrm{XH}}, \overrightarrow{\mathrm{XH}} \right\rangle \tag{4.10}$$

は

$$x_1^2 + \left(\mathrm{e}^2 - 1\right) x_2^2 = a^2(\mathrm{e}^2 - 1) \tag{4.11}$$

となります．$0 < \mathrm{e} < 1$ ですから，これはユークリッド幾何の目で見たら双曲線です．(4.9) で定めた a_1 と a_2 を用いると

$$\frac{x_1^2}{a_1^2} - \frac{x_2^2}{a_2^2} = -1$$

と表せます．注意すべき点は，この双曲線に見える曲線はユークリッド幾何における双曲線と相違点があることです．実際，$\mathbb{E}^2$ における双曲線 $(x_1/a_1)^2 - (x_2/a_2)^2 = -1$ の焦点 $\mathrm{F}_+^{\mathrm{E}}$ は $\left(0, \sqrt{a_1^2 + a_2^2}\,\right)$ でありもう一つの（ユークリッド幾何の意味での）焦点は $\mathrm{F}_-^{\mathrm{E}}\left(0, -\sqrt{a_1^2 + a_2^2}\,\right)$ です．どちらも F と一致しません．準線は ℓ と一致しています．またユークリッド幾何の意味での離心率は $\sqrt{a_1^2 + a_2^2}/a_2 > 1$ ですから e と異なります（$0 < \mathrm{e} < 1$ ですから当然です）．

同様に焦点を $\mathrm{F}(a\mathrm{e}, 0)$，準線を $\ell : x_1 = a/\mathrm{e}$ と選んだ場合を考察します．

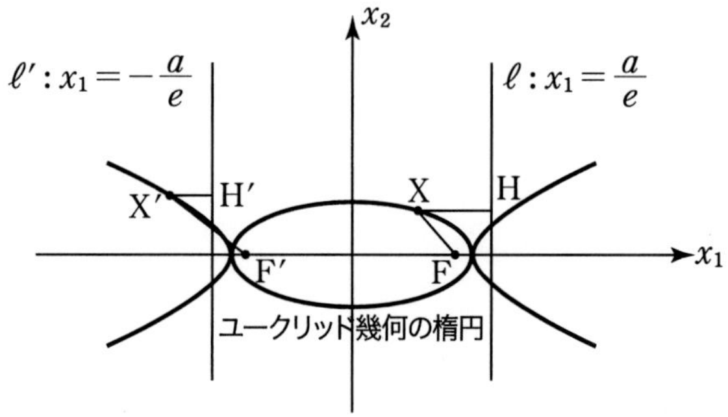

図 4.4 $0 < \mathrm{e} < 1$ のとき

ユークリッド幾何の場合は横長の楕円 (図 4.4)

$$\frac{x_1^2}{a_1^2} + \frac{x_2^2}{a_2^2} = 1, \quad a_1 = a, \quad a_2 = a_1\sqrt{1-\mathrm{e}^2}, \ \mathrm{e} = \frac{\sqrt{a_1^2 - a_2^2}}{a_1}$$

が得られます．2つの焦点の座標は a_1 と a_2 を使って

$$\mathrm{F}\left(\sqrt{a_1^2 - a_2^2}, 0\right), \quad \mathrm{F}'\left(-\sqrt{a_1^2 - a_2^2}, 0\right)$$

と書き直せます．準線 ℓ は $x_1 = a_1^2/\sqrt{a_1^2 - a_2^2}$ と書き直されます．

さて $\mathbb{L}^2$ の場合は

$$\overrightarrow{\mathrm{XH}} = -\left(x_1 - \frac{a}{\mathrm{e}}\right)\begin{pmatrix} 1 \\ 0 \end{pmatrix}, \quad \overrightarrow{\mathrm{XF}} = -\begin{pmatrix} x_1 - a\mathrm{e} \\ x_2 \end{pmatrix}$$

より定義式 (4.10) は

$$(1 - \mathrm{e}^2)x_1^2 - x_2^2 = a^2(1 - \mathrm{e}^2) \tag{4.12}$$

となります．これもユークリッド幾何の目で見たら双曲線です (図 4.4)．式 (4.9) で定めた a_1 と a_2 を用いると

$$\frac{x_1^2}{a_1^2} - \frac{x_2^2}{a_2^2} = 1$$

と表せます．この双曲線のユークリッド幾何の意味での焦点は $\mathrm{F}^{\mathsf{E}}_{\pm}\left(\pm\sqrt{a_1^2+a_2^2},0\right)$ の2点であり準線は ℓ と一致しています．またユークリッド幾何の意味での離心率は $\sqrt{a_1^2+a_2^2}/a_1>1$ です．

4.6 離心率が1より大きい場合

前節の計算結果を利用します．まず焦点が $\mathrm{F}(0,a\mathrm{e})$, 準線が $\ell : x_2 = a/\mathrm{e}$ の場合を調べます．$\mathbb{E}^2$ のとき，この焦点と準線で定まる2次曲線は双曲線

$$\frac{x_1^2}{a^2(\mathrm{e}^2-1)}-\frac{x_2^2}{a^2}=-1$$

です．

$$a_2=a,\quad a_1=a_2\sqrt{\mathrm{e}^2-1} \tag{4.13}$$

とおくと標準形

$$\frac{x_1^2}{a_1^2}-\frac{x_2^2}{a_2^2}=-1$$

が得られます．$a_1>a_2$ であることに注意してください．この双曲線の焦点と準線はそれぞれ

$$\mathrm{F}\left(0,\sqrt{a_1^2+a_2^2}\right),\quad \ell : x_2=\frac{a_2^2}{\sqrt{a_1^2+a_2^2}}$$

と書き直せ，もう1つの焦点は $\mathrm{F}'\left(0,-\sqrt{a_1^2+a_2^2}\right)$ です．離心率は $\mathrm{e}=\sqrt{a_1^2+a_2^2}/a_2$ です．

$\mathbb{L}^2$ のときは (4.11) の楕円

$$x_1^2+(\mathrm{e}^2-1)x_2^2=a^2(\mathrm{e}^2-1)$$

が得られます．(4.13) で定めた a_1 と a_2 を用いると

$$\frac{x_1^2}{a_1^2}+\frac{x_2^2}{a_2^2}=1$$

と表せます．$a_1 > a_2$ なので，これは横長の楕円です．この楕円の $\mathbb{E}^2$ における焦点は $\mathrm{F}^{\mathsf{E}}_{\pm}\left(\pm\sqrt{a_1^2+a_2^2}, 0\right)$, 準線は ℓ です．またユークリッド幾何の意味での離心率は $\sqrt{a_1^2-a_2^2}/a_2 < 1$ です．

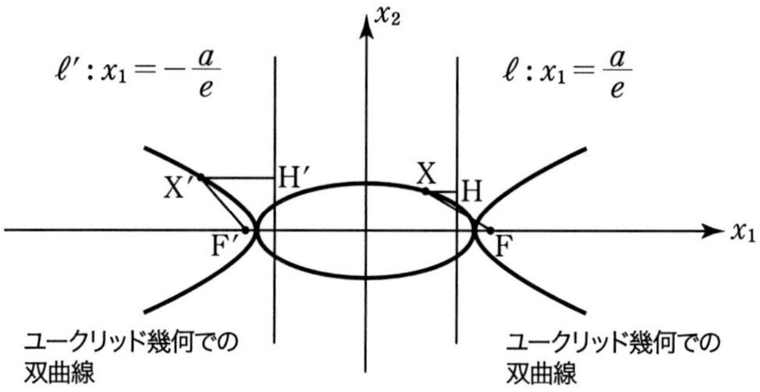

図 4.5　e > 1 のとき

同様に焦点を $\mathrm{F}(a\mathrm{e}, 0)$, 準線を $\ell : x_1 = a/\mathrm{e}$ と選んだ場合を考察します．ユークリッド幾何の場合は双曲線 (図 4.5)

$$\frac{x_1^2}{a_1^2} - \frac{x_2^2}{a_2^2} = 1, \quad a_1 = a, \quad a_2 = a_1\sqrt{\mathrm{e}^2-1}, \quad \mathrm{e} = \frac{\sqrt{a_1^2+a_2^2}}{a_1}$$

が得られます．2 つの焦点の座標は a_1 と a_2 を使って $\mathrm{F}\left(\sqrt{a_1^2+a_2^2}, 0\right)$ と $\mathrm{F}'\left(-\sqrt{a_1^2+a_2^2}, 0\right)$ と書き直せます．準線 ℓ は $x_1 = a_1^2/\sqrt{a_1^2+a_2^2}$ と書き直されます．

$\mathbb{L}^2$ の場合は (4.12) より

$$(\mathrm{e}^2-1)x_1^2 + x_2^2 = a^2(\mathrm{e}^2-1)$$

となります (図 4.4). この場合は $a_1 = a$ と $a_2 = a\sqrt{\mathrm{e}^2-1}$ とおくと縦長の楕円の標準形

$$\frac{x_1^2}{a_1^2} + \frac{x_2^2}{a_2^2} = 1$$

が得られます．この楕円のユークリッド幾何の意味での焦点は $F^{E}_{\pm}\left(\pm\sqrt{a_2^2-a_1^2},0\right)$ の 2 点であり準線は ℓ と一致しています．またユークリッド幾何の意味での離心率は $\sqrt{a_2^2-a_2^2}/a_1>1$ です．

4.7 離心率が負で絶対値が 1 未満の場合

次に離心率が $-\mathrm{e}$（ただし $\mathrm{e}>0$）の場合を考えます．ユークリッド幾何では対応する曲線がありません．$F(0,a\mathrm{e})$, $\ell: x_2=a/\mathrm{e}$ と選ぶと 2 次曲線 C は 4.5 節で行った計算から

$$x_1^2-(x_2-a\mathrm{e})^2=\mathrm{e}^2\left(x_2-\frac{a}{\mathrm{e}}\right)^2$$

となります．これは少々の計算で

$$x_1^2-(1+\mathrm{e}^2)\left(x_2+\frac{2a\mathrm{e}}{1+\mathrm{e}^2}\right)^2=\frac{a^2(1-\mathrm{e}^2)^2}{1+\mathrm{e}^2}$$

と整理できます．これは平行移動により

$$x_1^2-(1+\mathrm{e}^2)x_2^2=\frac{a^2(1-\mathrm{e}^2)^2}{1+\mathrm{e}^2} \tag{4.14}$$

に重なります．平行移動は $\mathbb{E}^2$ の合同変換でもあり，$\mathbb{L}^2$ の固有ポアンカレ変換 (p. 31) でもあることに注意してください．つまりユークリッド幾何の意味で C は曲線 (4.14) に合同であり，ミンコフスキー幾何の意味でも合同（固有ポアンカレ変換で重なる）です[*2]．

ユークリッド幾何の目では (4.14) は双曲線に見えます．また $\mathrm{e}<1$ であっても $\mathrm{e}>1$ でも双曲線です．ただし $\mathrm{e}<1$ か $\mathrm{e}>1$ で場所が変わります．$\mathrm{e}<1$ のときは弧は $x_1>0$ の部分（第 1 象限と第 4 象限）と $x_1<0$ の部分（第 2 象限と第 3 象限）とに分かれます．また $\mathrm{e}>1$ のときは弧は $x_2>0$ の部分（第 1 象限と第 2 象限）と $x_2<0$ の部分（第 3 象限と第 4 象限）とに分かれます (図 4.6)．

---

*2 $\mathbb{L}^2$ における図形の合同については次章できちんと述べます．

これは $\mathbb{L}^2$ の擬円を歪めたものと思えるので**擬楕円**（pseudo ellipse）とよぶべきかもしれません．

これまで焦点と準線の組をユークリッド幾何における放物線，楕円，双曲線を生み出す組を $\mathbb{L}^2$ でも採用してきました．ですがそもそも離心率が負の2次曲線は $\mathbb{E}^2$ に存在しないのですから焦点と準線の組を $\mathbb{E}^2$ とは異なる選び方をしてもよいでしょう．そこで焦点は $\mathrm{F}(0, a\mathrm{e})$ のまま，離心率も $-\mathrm{e}$ のままとしますが，準線だけ $x_2 = -a/\mathrm{e}$ に変えてみると

$$x_1^2 - (1 + \mathrm{e}^2)x_2^2 = a^2(1 + \mathrm{e}^2)$$

が得られます．これは $\mathrm{e} < 1$ でも $\mathrm{e} > 1$ でも弧が $x_1 > 0$ の部分（第1象限と第4象限）と $x_1 < 0$ の部分（第2象限と第3象限）とに分かれます．

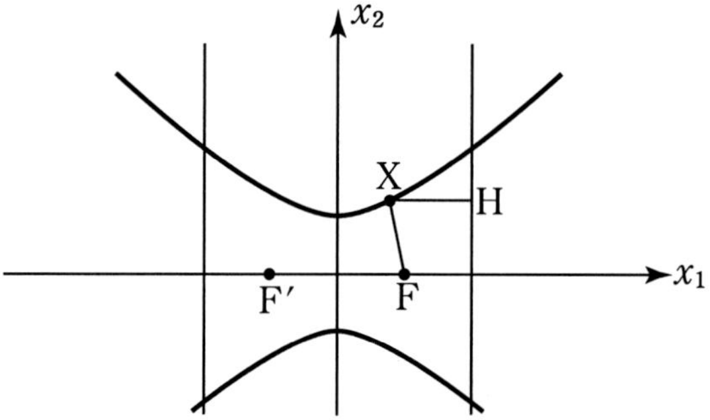

図4.6　離心率が負のとき

4.8　研究課題を見つけよう

$\mathbb{L}^2$ の2次曲線をどう考えるべきかについては，これが決定版というものはないのです．この章では一つの提案をご紹介したに過ぎないのです．この本はアインシュタインの相対性理論から生まれた幾何学であるミンコフスキー幾何学を解説することが目的ですが，相対性理論への直接の応用が知られていない対象や他の微分幾何学と連携して研究が進んだ対象でないものは案外と研究が

進んでいないのです．むしろ大学生（卒業研究），修士課程の大学院生，数学愛好家に研究の余地があると言えます．$\mathbb{L}^2$ の 2 次曲線は $\mathbb{E}^2$ に比べ（複雑さも原因ですが）まだまだ未解明な点があります．たとえばユークリッド空間では楕円および双曲線はそれぞれ条件

$$\mathrm{d}(\mathrm{P},\mathrm{F}) + \mathrm{d}(\mathrm{P},\mathrm{F}') = \text{一定}\ (\neq 0),$$
$$|\mathrm{d}(\mathrm{P},\mathrm{F}) - \mathrm{d}(\mathrm{P},\mathrm{F}')| = \text{一定}\ (\neq 0)$$

をみたす点の軌跡で定義されましたが，この章で紹介した $\mathbb{L}^2$ の 2 次曲線もこのような性質をもつでしょうか．文献 [10] に結果が述べられていますが，全体を 1 つの条件で表すことができません．逆に上の条件をまねて

$$|\overrightarrow{\mathrm{PF}}| + |\overrightarrow{\mathrm{PF}'}| = \text{一定}\ (\neq 0),$$
$$|\overrightarrow{\mathrm{PF}}| - |\overrightarrow{\mathrm{PF}'}| = \text{一定}\ (\neq 0)$$

をみたす曲線を考えるとどうなるでしょうか．エジプト数学会の学術誌に掲載された論文 [187] ではこの問題を考察しています．特異点（滑らかでない点，とがった点）をもつ曲線が導かれています．

また，この章では $\mathbb{E}^2$ の 2 次曲線を比例式 $\mathrm{d}(\mathrm{P},\mathrm{F}) = \mathrm{e} : 1$ をみたす点の軌跡として定義し，その定義を $\mathbb{L}^2$ で検討するというアプローチをとりました．一方，$\mathbb{E}^2$ では方程式

$$F(x_1, x_2) = ax_1^2 + 2hx_1x_2 + bx_2^2 + 2\alpha x_1 + 2\beta x_2 + \gamma = 0$$

をみたす点の集まりを 2 次曲線と名付け，2 次曲線を分類するというアプローチも取られています．詳しくは [27, 36, 48, 84] または [23] を参照してください．このアプローチでは，2 次曲線の分類作業で，行列の固有値や対角化が活躍します (第 2 巻，付録 A，問題 A.1 を参照)．このアプローチで $\mathbb{L}^2$ の 2 次曲線の分類を行うと，どういう結果が得られるでしょうか．

読者のなかから新たな研究成果を挙げる方が出てくることを期待しています．

5 ローレンツ群

この章ではローレンツ群 O(1,1) を詳しく調べます．

5.1 回転群と運動群

第 1 章でユークリッド平面 $\mathbb{E}^2$ の合同変換を定義し，運動が合同変換であることを確かめました．この節では，$\mathbb{E}^2$ の合同変換を分類します．

2 次行列 $A=(a_{ij})$ の定めるユークリッド平面 $\mathbb{E}^2$ 上の 1 次変換

$$f_A(\boldsymbol{x}) = A\boldsymbol{x} = \begin{pmatrix} a_{11} & a_{12} \\ a_{21} & a_{22} \end{pmatrix} \begin{pmatrix} x_1 \\ x_2 \end{pmatrix}.$$

がユークリッド内積を保つとき，すなわち，どのベクトル $\boldsymbol{x}, \boldsymbol{y}$ についても

$$f_A(\boldsymbol{x}) \cdot f_A(\boldsymbol{y}) = \boldsymbol{x} \cdot \boldsymbol{y}$$

をみたすとき f_A を**直交変換**（orthogonal transformation），A を**直交行列**（orthogonal matrix）とよびます．f_A が直交変換（すなわち A が直交行列）であるとは

$$(A\boldsymbol{x}) \cdot (A\boldsymbol{y}) = \boldsymbol{x} \cdot \boldsymbol{y}$$

がつねにみたされるということです．ここで式 (1.11) と式 (1.12) を利用すると A が直交行列であるための必要十分条件は ${}^tAA = E$ であることがわかります．実際

$$(A\boldsymbol{x}) \cdot (A\boldsymbol{y}) = {}^t(A\boldsymbol{x})(A\boldsymbol{y}) = {}^t\boldsymbol{x}{}^tA(A\boldsymbol{y}) = {}^t\boldsymbol{x}({}^tAA\boldsymbol{y}) = \boldsymbol{x} \cdot ({}^tAA\boldsymbol{y})$$

と計算され，その一方で

$$\boldsymbol{x} \cdot \boldsymbol{y} = \boldsymbol{x} \cdot (E\boldsymbol{y})$$

と書き換えられるので

$$\text{すべての } \boldsymbol{x}, \boldsymbol{y} \in \mathbb{E}^2 \text{ に対し } \boldsymbol{x} \cdot \left(({}^t AA - E)\boldsymbol{y} \right) = 0$$

となります．ここから結論 ${}^tAA = E$ が導けます．${}^tAA = E$ ならば $A{}^tA = E$ であることを確かめてください．したがって $A^{-1} = {}^tA$ であることに注意しましょう．

2 次の直交行列の全体を O(2) で表すことにすると

$$\mathrm{O}(2) = \left\{ A \in \mathrm{M}_2\mathbb{R} \mid {}^tAA = E \right\}$$

と表示できます．O(2) は行列の積に関し群になるので O(2) を 2 次の**直交群** (orthogonal group) とよびます．ここで

$$\mathrm{SL}_2\mathbb{R} = \{ A \in \mathrm{M}_2\mathbb{R} \mid \det A = 1 \}$$

とおきます．これも行列の積に関し群になり 2 次の**実特殊線型群** (real special linear group) とよばれています．

直交行列 $A = (a_{ij})$ に対し

$$\boldsymbol{a}_1 = \begin{pmatrix} a_{11} \\ a_{21} \end{pmatrix}, \quad \boldsymbol{a}_2 = \begin{pmatrix} a_{21} \\ a_{22} \end{pmatrix}$$

とおくと

$${}^tAA = \begin{pmatrix} \boldsymbol{a}_1 \cdot \boldsymbol{a}_1 & \boldsymbol{a}_1 \cdot \boldsymbol{a}_2 \\ \boldsymbol{a}_2 \cdot \boldsymbol{a}_1 & \boldsymbol{a}_2 \cdot \boldsymbol{a}_2 \end{pmatrix} = \begin{pmatrix} 1 & 0 \\ 0 & 1 \end{pmatrix}$$

ですから

$$\|\boldsymbol{a}_1\| = \|\boldsymbol{a}_2\| = 1, \quad \boldsymbol{a}_1 \perp \boldsymbol{a}_2$$

をみたしています[*1]．

${}^tAA = E$ の両辺の行列式を計算すると $(\det A)^2 = 1$ がわかります．そこで $\det A = 1$ である直交行列を調べます．$\|\boldsymbol{a}_1\| = \|\boldsymbol{a}_2\| = 1$ より

$$A = \begin{pmatrix} \cos\theta & \cos\phi \\ \sin\theta & \sin\phi \end{pmatrix}$$

[*1] $\{\boldsymbol{a}_1, \boldsymbol{a}_2\}$ は**正規直交基底**であると言い表します．p. 99，定義 6.1 参照.

とおけます．$\boldsymbol{a}_1 \cdot \boldsymbol{a}_2 = 0$ より $\cos(\theta - \phi) = 0$ が得られます．さらに $\det A = 1$ より $\sin(\theta - \phi) = 1$ が得られます．ということは $\theta - \phi = \pi/2 + 2n\pi$ ということです．これを書き換えると $\phi = \theta + \pi/2 - 2n\pi$. ゆえに

$$\cos\phi = \cos(\theta + \pi/2) = -\sin\theta,\ \ \sin\phi = \sin(\theta + \pi/2) = \cos\theta.$$

以上より

$$A = \begin{pmatrix} \cos\theta & -\sin\theta \\ \sin\theta & \cos\theta \end{pmatrix} = R(\theta)$$

が得られました．すなわち A は回転行列です．したがって

$$\{A \in \mathrm{O}(2) \mid \det A = 1\} = \{R(\theta) \mid 0 \leqq \theta < 2\pi\}$$

すなわち

$$\mathrm{SL}_2\mathbb{R} \cap \mathrm{O}(2) = \mathrm{SO}(2)$$

が示されました．回転群を SO(2) と書いた理由を説明できました．さて回転は直交変換であり，もちろん合同変換です．

続けて行列式が -1 の直交行列を分類しましょう．

$$A = \begin{pmatrix} \cos\theta & \cos\phi \\ \sin\theta & \sin\phi \end{pmatrix}$$

において $\det A = -1$ を要請すると $\sin(\theta - \phi) = -1$，すなわち $\theta - \phi = -\pi/2 + 2n\pi$ ということです．これを書き換えると $\phi = \theta - \pi/2 - 2n\pi$. ゆえに

$$\cos\phi = \cos(\theta - \pi/2) = \sin\theta,\ \ \sin\phi = \sin(\theta - \pi/2) = -\cos\theta.$$

したがって

$$A = \begin{pmatrix} \cos\theta & \sin\theta \\ \sin\theta & -\cos\theta \end{pmatrix}.$$

この行列を $S(\theta)$ と表記します．

$$S(\theta) = \begin{pmatrix} \cos\theta & \sin\theta \\ \sin\theta & -\cos\theta \end{pmatrix} = \begin{pmatrix} \cos\theta & -\sin\theta \\ \sin\theta & \cos\theta \end{pmatrix} \begin{pmatrix} 1 & 0 \\ 0 & -1 \end{pmatrix}$$
$$= R(\theta)S(0)$$

が成り立つことに注意しましょう．この式から $S(\theta)$ の定める 1 次変換 $f_{S(\theta)}$ は直線 $x_2 = (\tan\frac{\theta}{2})x_1$ を軸とする線対称移動であることがわかります．

問題 5.1 1 次変換 $f_{S(\theta)}$ が $x_2 = (\tan\frac{\theta}{2})x_1$ を軸とする線対称移動であることを確かめよ．

以上のことから

$$\mathrm{O}^-(2) = \{A \in \mathrm{O}(2) \mid \det A = -1\} = \{S(\theta) \mid 0 \leqq \theta < 2\pi\}$$

と表せることが示せました．直交群 $\mathrm{O}(2)$ は $\mathrm{O}(2) = \mathrm{SO}(2) \cup \mathrm{O}^-(2)$ と分解されます．

ここで次の用語を導入します．

定義 5.1 G を群，$H \subset G$ を空でない G の部分集合とする．H が次の条件をみたすとき，H を G の**部分群**（subgroup）とよぶ[*2]．

- $a, b \in H$ ならば $ab \in H$.
- G の単位元 e を H は含む．

$\mathrm{SO}(2)$ は積について閉じており，$\mathrm{O}(2)$ の部分群になっていますが，$\mathrm{O}^-(2)$ は積について閉じていません．実際

$$S(\theta)S(\phi) = R(\theta - \phi)$$

が成り立ちます．確かめてください．行列のかけ算を実行して確かめてもよいのですが，作図をして，この等式が成り立つことを確認することも大切です．

以上をもとに合同変換を分類します．

定理 5.1 $\mathbb{E}^2$ の合同変換 g が原点を原点に写す（原点を動かさない）ならば g は直交変換である．

[*2] H 自身も (G の演算に関し) 群であることに注意．

補題を積み重ねてこの定理を証明します．

補題 5.1 合同変換 g が原点 O を動かさないならば g はベクトルの**内積を保つ**，すなわち，すべてのベクトル $\boldsymbol{x}$，$\boldsymbol{y}$ に対し

$$g(\boldsymbol{x}) \cdot g(\boldsymbol{y}) = \boldsymbol{x} \cdot \boldsymbol{y} \tag{5.1}$$

をみたす．

【証明】 g は合同変換であるから，どの点 $\boldsymbol{x} \in \mathbb{E}^2$ についても

$$\mathrm{d}(g(\boldsymbol{x}), g(\boldsymbol{0})) = \mathrm{d}(\boldsymbol{x}, \boldsymbol{0})$$

をみたす．

$$\mathrm{d}(\boldsymbol{x}, \boldsymbol{0}) = \|\boldsymbol{x} - \boldsymbol{0}\| = \|\boldsymbol{x}\|,$$
$$\mathrm{d}(g(\boldsymbol{x}), g(\boldsymbol{0})) = \mathrm{d}(g(\boldsymbol{x}), \boldsymbol{0}) = \|g(\boldsymbol{x}) - \boldsymbol{0}\| = \|g(\boldsymbol{x})\|$$

であるから

$$\text{任意の } \boldsymbol{x} \in \mathbb{E}^2 \text{ に対し } \|f(\boldsymbol{x})\| = \|\boldsymbol{x}\|$$

を得た．ここで g が合同変換であることの定義 “$\mathrm{d}(g(\boldsymbol{x}), g(\boldsymbol{y})) = \mathrm{d}(\boldsymbol{x}, \boldsymbol{y})$” は

$$\|g(\boldsymbol{x}) - g(\boldsymbol{y})\|^2 = \|\boldsymbol{x} - \boldsymbol{y}\|^2$$

と書き直せることに注意する．この式に $\|g(\boldsymbol{x})\| = \|\boldsymbol{x}\|$，$\|g(\boldsymbol{y})\| = \|\boldsymbol{y}\|$ を代入すると

$$g(\boldsymbol{x}) \cdot g(\boldsymbol{y}) = \boldsymbol{x} \cdot \boldsymbol{y}$$

を得る． ■

補題 5.2 合同変換 g が原点を動かさなければ，g は線型変換である．すなわち任意のベクトル $\boldsymbol{x}$，$\boldsymbol{y}$ と任意の実数 a に対し

$$g(\boldsymbol{x} + \boldsymbol{y}) = g(\boldsymbol{x}) + g(\boldsymbol{y}), \quad g(a\boldsymbol{x}) = a\, g(\boldsymbol{x})$$

をみたす．

【証明】 $x \in \mathbb{E}^2$ と $a \in \mathbb{R}$ に対し

$$\begin{aligned}\|g(ax) - ag(x)\|^2 &= \{g(ax) - ag(x)\} \cdot \{g(ax) - ag(x)\} \\ &= \|g(ax)\|^2 - 2g(ax) \cdot (ag(x)) + \|ag(x)\|^2 \\ &= \|g(ax)\|^2 - 2a\{g(ax) \cdot g(x)\} + |a|^2 \|g(x)\|^2.\end{aligned}$$

補題 5.1 を用いると

$$\begin{aligned}\|g(ax) - ag(x)\|^2 &= \|ax\|^2 - 2a\{(ax) \cdot x\} + |a|^2 \|x\|^2 \\ &= |a|^2 \|x\|^2 - 2a^2 \|x\|^2 + |a|^2 \|x\|^2 = 0.\end{aligned}$$

したがって $g(ax) = a\,g(x)$ が成り立つ．次に $g(x+y)$ と $g(x)+g(y)$ を比べよう．

$$\begin{aligned}&\|g(x+y) - (g(x)+g(y))\|^2 \\ &= \|g(x+y)\|^2 - 2\,g(x+y) \cdot (g(x)+g(y)) + \|g(x)+g(y)\|^2 \\ &= \|x+y\|^2 - 2\,g(x+y) \cdot (g(x)+g(y)) + \|x+y\|^2.\end{aligned}$$

ここで

$$\begin{aligned}&g(x+y) \cdot (g(x)+g(y)) = g(x+y) \cdot g(x) + g(x+y) \cdot g(y)) \\ &= (x+y) \cdot x + (x+y) \cdot y = \|x+y\|^2\end{aligned}$$

だから

$$\|g(x+y) - (g(x)+g(y))\|^2 = 2\|x+y\|^2 - 2\|x+y\|^2 = 0.$$

ゆえに

$$g(x+y) = g(x) + g(y).$$

以上より g は線型変換である． ■

【定理 5.1 の証明】原点を動かさない合同変換 g はある行列 A により 1 次変換

$$g(\boldsymbol{x}) = f_A(\boldsymbol{x}) = A\boldsymbol{x}$$

と表せることを標準基底 $\mathcal{E} = \{\boldsymbol{e}_1, \boldsymbol{e}_2\}$ を用いて確かめる．$\boldsymbol{e}_1 = (1,0)$ と $\boldsymbol{e}_2 = (0,1)$ よりベクトル $\boldsymbol{x} = (x_1, x_2)$ は

$$\boldsymbol{x} = (x_1, x_2) = (x_1, 0) + (0, x_2) = x_1\boldsymbol{e}_1 + x_2\boldsymbol{e}_2$$

と表せる．補題 5.2 より

$$g(\boldsymbol{x}) = g(x_1\boldsymbol{e}_1 + x_2\boldsymbol{e}_2) = x_1 g(\boldsymbol{e}_1) + x_2 g(\boldsymbol{e}_2).$$

ここで

$$g(\boldsymbol{e}_1) = \begin{pmatrix} a_{11} \\ a_{21} \end{pmatrix}, \quad g(\boldsymbol{e}_2) = \begin{pmatrix} a_{12} \\ a_{22} \end{pmatrix}$$

とおけば

$$g(\boldsymbol{x}) = \begin{pmatrix} a_{11}x_1 + a_{12}x_2 \\ a_{21}x_1 + a_{22}x_2 \end{pmatrix} = \begin{pmatrix} a_{11} & a_{12} \\ a_{21} & a_{22} \end{pmatrix} \begin{pmatrix} x_1 \\ x_2 \end{pmatrix}$$

となるので

$$A = \begin{pmatrix} a_{11} & a_{12} \\ a_{21} & a_{22} \end{pmatrix}$$

と定めれば $g(\boldsymbol{x}) = f_A(\boldsymbol{x})$ である．f_A が合同変換なのだから A は直交行列である． ■

さて合同変換 f に対し $f(\mathrm{O}) = \mathrm{B}$ とおき，B の位置ベクトルを $\boldsymbol{b}$ で表します．変換 g を

$$g(\boldsymbol{x}) = f(\boldsymbol{x}) - \boldsymbol{b}$$

で定めると，g も合同変換であり，原点を動かしません．したがって（定理 5.1 より）g は直交変換です．g を表す直交行列を A とすれば

$$f(\boldsymbol{x}) = g(\boldsymbol{x}) + \boldsymbol{b} = A\boldsymbol{x} + \boldsymbol{b}$$

と表せます．この合同変換を $(A, \boldsymbol{b})$ と略記しましょう．すると $\mathbb{E}^2$ の合同変換全体 $\mathrm{E}(2)$ は

$$\mathrm{E}(2) = \{(A, \boldsymbol{b}) \mid A \in \mathrm{O}(2),\ \boldsymbol{b} \in \mathbb{R}^2\}$$

と表せ，$(A_1, \boldsymbol{b}_1)$ と $(A_2, \boldsymbol{b}_2)$ の合成は

$$(A_1, \boldsymbol{b}_1)(A_2, \boldsymbol{b}_2)\boldsymbol{x} = (A_1, \boldsymbol{b}_1)(A_2\boldsymbol{x} + \boldsymbol{b}_2) = A_1A_2\boldsymbol{x} + \boldsymbol{b}_1 + A_1\boldsymbol{b}_2$$

という計算から

(5.2) $$(A_1, \boldsymbol{b}_1)(A_2, \boldsymbol{b}_2) = (A_1A_2, \boldsymbol{b}_1 + A_1\boldsymbol{b}_2)$$

と表せます．繰り返しになりますが，合同変換群 E(2) は集合

$$\mathrm{O}(2) \times \mathbb{R}^2 = \{(A, \boldsymbol{b}) \mid A \in \mathrm{O}(2),\ \boldsymbol{b} \in \mathbb{R}^2\}$$

に (5.2) で定める演算を与えて得られる群のことなのです．そういえば 1.3 節で平面運動群 SE(2) を定義していました．

$$\mathrm{SE}(2) = \{(R(\theta), \boldsymbol{b}) \mid 0 \leqq \theta < 2\pi,\ \boldsymbol{b} \in \mathbb{R}^2\}$$

これは E(2) の部分群であることに注意してください[*3]．

次の節では E(2) に相当する群をミンコフスキー平面で考えます．

5.2 ローレンツ群とポアンカレ群

ミンコフスキー平面 $\mathbb{L}^2$ 上で“合同変換”に相当する変換を調べます．

2 次正方行列 A によって定まる $\mathbb{L}^2$ 上の 1 次変換を f_A とします．すなわち

$$f_A(\boldsymbol{x}) = A\boldsymbol{x},\ \ \boldsymbol{x} \in \mathbb{L}^2.$$

f_A がミンコフスキー内積を保つとき，すなわち

$$\langle A\boldsymbol{x}, A\boldsymbol{y}\rangle = \langle \boldsymbol{x}, \boldsymbol{y}\rangle$$

をすべてのベクトル $\boldsymbol{x}, \boldsymbol{y}$ に対してみたすとき f_A を**ローレンツ変換**（Lorentz transformation）とよびます．ローレンツ変換を定める行列の全体を

[*3] 式 (5.2) と 1.3 節の (1.15) を見比べてください．

$$\mathrm{O}(1,1) = \{A \in \mathrm{M}_2\mathbb{R} \mid \langle A\boldsymbol{x}, A\boldsymbol{y}\rangle = \langle \boldsymbol{x}, \boldsymbol{y}\rangle\}$$

で表すことにします．行列

$$\mathcal{E} = \begin{pmatrix} 1 & 0 \\ 0 & -1 \end{pmatrix}$$

を用いると

$$\langle \boldsymbol{x}, \boldsymbol{y}\rangle = {}^t(\mathcal{E}\boldsymbol{x}) \cdot \boldsymbol{y} = {}^t\boldsymbol{x}\mathcal{E}\boldsymbol{y}$$

と表示できます．$\mathcal{E}$ を**符号行列**（signature matrix）とよびます．符号行列は線対称を表す行列 $S(\theta)$ の特殊なものであることを注意しておきます．実際

$$\mathcal{E} = S(0)$$

ですから，x_1 軸を軸とする線対称移動です．

$$\langle A\boldsymbol{x}, A\boldsymbol{y}\rangle = (\mathcal{E}A\boldsymbol{x}) \cdot A\boldsymbol{y} = {}^t\boldsymbol{x}{}^tA\mathcal{E}A\boldsymbol{y}$$

と見比べると

$$\mathrm{O}(1,1) = \{A \in \mathrm{M}_2\mathbb{R} \mid {}^tA\mathcal{E}A = \mathcal{E}\} \tag{5.3}$$

と書き換えられることがわかります．またこの表示から O(1,1) が行列の積に関し群をなすことがわかります（確かめてください）．そこで O(1,1) を 2 次の**ローレンツ群**（Lorentz group）とよびます．またローレンツ変換と平行移動の組み合わせ

$$\boldsymbol{x} \longmapsto A\boldsymbol{x} + \boldsymbol{b}$$

を**ポアンカレ変換**（Poincaré transformation）とよびます．ポアンカレ変換の全体 E(1,1) は

$$\mathrm{E}(1,1) = \{(A, \boldsymbol{b}) \mid A \in \mathrm{O}(1,1),\ \boldsymbol{b} \in \mathbb{R}^2\}$$

と表せ，(5.2) で定める演算を与えることで群になります．E(1,1) を**ポアンカレ群**とよびます[*4]．

[*4] 固有ポアンカレ変換のなす群を E(1,1) と表記する流儀もあります．

$A \in \mathrm{O}(1,1)$ に対し ${}^t A \mathcal{E} A = \mathcal{E}$ の両辺の行列式をとれば $\det A = \pm 1$ ということがわかります．そこで回転群 $\mathrm{SO}(2)$ をまねて

$$\mathrm{SO}(1,1) = \mathrm{SL}_2\mathbb{R} \cap \mathrm{O}(1,1)$$

とおきます．条件式 ${}^t A \mathcal{E} A = \mathcal{E}$ を詳しく調べます．

$$A = \begin{pmatrix} a & b \\ c & d \end{pmatrix}, \quad \boldsymbol{x} = \begin{pmatrix} a \\ c \end{pmatrix}, \quad \boldsymbol{y} = \begin{pmatrix} b \\ d \end{pmatrix}$$

とおくと ${}^t A \mathcal{E} A = \mathcal{E}$ は

$$\langle \boldsymbol{x}, \boldsymbol{x} \rangle = 1, \quad \langle \boldsymbol{x}, \boldsymbol{y} \rangle = 0, \quad \langle \boldsymbol{y}, \boldsymbol{y} \rangle = -1$$

と書き直せます．$\langle \boldsymbol{x}, \boldsymbol{x} \rangle = 1$ および $\langle \boldsymbol{y}, \boldsymbol{y} \rangle = -1$ より $\varepsilon_{ij} = \pm 1$ を用いて

$$\boldsymbol{x} = \begin{pmatrix} \varepsilon_{11} \cosh \phi \\ \sinh \phi \end{pmatrix}, \quad \boldsymbol{y} = \begin{pmatrix} \sinh \psi \\ \varepsilon_{22} \cosh \psi \end{pmatrix}$$

と表せます．

$$\langle \boldsymbol{x}, \boldsymbol{y} \rangle = \varepsilon_{11} \cosh \phi \sinh \psi - \varepsilon_{22} \sinh \phi \cosh \psi$$

より

(1) $\varepsilon_{11} = \varepsilon_{22}$ のとき：

$$0 = \cosh \phi \sinh \psi - \sinh \phi \cosh \psi = \sinh(\psi - \phi)$$

より $\psi = \phi$ である．したがって

$$A = \begin{pmatrix} \varepsilon \cosh \phi & \sinh \phi \\ \sinh \phi & \varepsilon \cosh \phi \end{pmatrix}, \quad \varepsilon = \pm 1.$$

このとき $\det A = 1$ です．$\varepsilon = 1$ のとき A はブースト

$$B(\phi) = \begin{pmatrix} \cosh \phi & \sinh \phi \\ \sinh \phi & \cosh \phi \end{pmatrix}$$

です．

$$B(-\phi) = \begin{pmatrix} \cosh \phi & -\sinh \phi \\ -\sinh \phi & \cosh \phi \end{pmatrix}$$

であることに注意しましょう.

$\varepsilon = -1$ のとき

$$A = \begin{pmatrix} -\cosh\phi & \sinh\phi \\ \sinh\phi & -\cosh\phi \end{pmatrix} = -\begin{pmatrix} \cosh\phi & -\sinh\phi \\ -\sinh\phi & \cosh\phi \end{pmatrix}$$
$$= -\begin{pmatrix} \cosh(-\phi) & \sinh(-\phi) \\ \sinh(-\phi) & \cosh(-\phi) \end{pmatrix} = -B(-\phi)$$

と書き換えられます.

(2) $\varepsilon_{11} = -\varepsilon_{22}$ のとき：

$$0 = \cosh\phi\sinh\psi + \sinh\phi\cosh\psi = \sinh(\psi+\phi)$$

より $\psi = -\phi$ である. したがって

$$A = \begin{pmatrix} \varepsilon\cosh\phi & -\sinh\phi \\ \sinh\phi & -\varepsilon\cosh\phi \end{pmatrix}, \quad \varepsilon = \pm 1.$$

このとき $\det A = -1$ です. A は次のように書き換えられることも注意しておきます.

$$A = \begin{pmatrix} \varepsilon\cosh\phi & -\sinh\phi \\ \sinh\phi & -\varepsilon\cosh\phi \end{pmatrix} = \begin{pmatrix} \varepsilon\cosh(-\phi) & \sinh(-\phi) \\ -\sinh(-\phi) & -\varepsilon\cosh(-\phi) \end{pmatrix}.$$

以上を整理しましょう. $\mathrm{O}(1,1)$ は 4 つに分解されます（4 つの連結成分をもつ).

$$\mathrm{O}^{++}(1,1) = \left\{ \begin{pmatrix} \cosh\phi & \sinh\phi \\ \sinh\phi & \cosh\phi \end{pmatrix} \middle|\, \phi \in \mathbb{R} \right\},$$
$$\mathrm{O}^{--}(1,1) = \left\{ \begin{pmatrix} -\cosh\phi & \sinh\phi \\ \sinh\phi & -\cosh\phi \end{pmatrix} \middle|\, \phi \in \mathbb{R} \right\},$$
$$\mathrm{O}^{+-}(1,1) = \left\{ \begin{pmatrix} \cosh\phi & -\sinh\phi \\ \sinh\phi & -\cosh\phi \end{pmatrix} \middle|\, \phi \in \mathbb{R} \right\},$$
$$\mathrm{O}^{-+}(1,1) = \left\{ \begin{pmatrix} -\cosh\phi & -\sinh\phi \\ \sinh\phi & \cosh\phi \end{pmatrix} \middle|\, \phi \in \mathbb{R} \right\}.$$

$\mathrm{SO}(1,1) = \mathrm{O}^{++}(1,1) \cup \mathrm{O}^{--}(1,1)$ であることに注意してください．行列式が 1 であることを強調して

$$\mathrm{SO}^{+}(1,1) = \mathrm{O}^{++}(1,1), \quad \mathrm{SO}^{-}(1,1) = \mathrm{O}^{--}(1,1)$$

とも表記します．$\mathrm{SO}^{+}(1,1)$ は第 1 章で紹介したブーストの全体

$$\left\{ B(\phi) = \begin{pmatrix} \cosh\phi & \sinh\phi \\ \sinh\phi & \cosh\phi \end{pmatrix} \middle| \phi \in \mathbb{R} \right\}$$

と一致しています．第 1 章でブーストの全体を $\mathrm{SO}^{+}(1,1)$ と表記した理由がこれで説明できました．また第 2 章で紹介した変換

$$\begin{pmatrix} x_1 \\ x_2 \end{pmatrix} \longmapsto \frac{1}{\sqrt{1-\left(\frac{v}{c}\right)^2}} \begin{pmatrix} 1 & -\frac{v}{c} \\ -\frac{v}{c} & 1 \end{pmatrix} \begin{pmatrix} x_1 \\ x_2 \end{pmatrix} = B(-\tanh^{-1}\tfrac{v}{c}) \begin{pmatrix} x_1 \\ x_2 \end{pmatrix} \tag{5.4}$$

も，$\mathrm{SO}^{+}(1,1)$ の要素による 1 次変換であることに注意してください．

つまり物理学者ローレンツが提案した変換 (5.4) のもつ数学的性質に着目し (一般化した上で) 定式化したものが，この節で導入した「ローレンツ変換」なのです．この一般化・定式化は 4 次元のミンコフスキー時空・特殊相対性理論を学ぶ上で大切な過程です．

$\mathrm{O}(1,1)$ の要素はどれも

$$\begin{pmatrix} \varepsilon_{11}\cosh\phi & \varepsilon_{12}\sinh\phi \\ \varepsilon_{21}\sinh\phi & \varepsilon_{22}\cosh\phi \end{pmatrix}, \quad \varepsilon_{ij} = \pm 1$$

という形をしています．さらに $\varepsilon_{11}\varepsilon_{22} = \varepsilon_{12}\varepsilon_{21}$ をみたしています．
$(\varepsilon_{11}, \varepsilon_{12}, \varepsilon_{21}, \varepsilon_{22})$ の符号を確認してみましょう．

$\varepsilon_{11} = \varepsilon_{22}$ のとき，$\varepsilon_{11}\varepsilon_{22} = \varepsilon_{12}\varepsilon_{21}$ をみたす 4 パターン

$$(+1,+1,+1,+1),\ (+1,-1,-1,+1),\ (-1,+1,+1,-1),\ (-1,-1,-1,-1)$$

すべてが出ています．$\varepsilon_{11} = -\varepsilon_{22}$ のときも同様に $\varepsilon_{11}\varepsilon_{22} = \varepsilon_{12}\varepsilon_{21}$ をみたしています．すべての 4 パターンが出ていることから次の分類定理が得られました．

定理 5.2 O(1,1) は次のように表示できる．

$$\mathrm{O}(1,1)=\left\{\begin{pmatrix}\varepsilon_{11}\cosh\phi & \varepsilon_{12}\sinh\phi\\ \varepsilon_{21}\sinh\phi & \varepsilon_{22}\cosh\phi\end{pmatrix}\ \middle|\ \begin{array}{l}\phi\in\mathbb{R},\\ \varepsilon_{11}\varepsilon_{22}=\varepsilon_{12}\varepsilon_{21}\end{array}\right\}.$$

もともとローレンツ変換は直線上の質点の運動において（ある条件をみたす）2の慣性系の間の座標変換として導入されました．その意味や性質を掴むためにミンコフスキー平面 $\mathbb{L}^2$ を導入することにより，「$\mathbb{L}^2$ の "合同変換"」という図形的理解が得られました．「**図を描いて意味を掴む**」ということを幼いころから何度も経験してきたと思います．ミンコフスキー平面 $\mathbb{L}^2$ の導入はまさに「ローレンツ変換を図を描いて意味を掴む」ことなのです．

次の節に移る前に定義を1つだけ．

定義 5.2 ミンコフスキー平面 $\mathbb{L}^2$ 内の2つの図形 $\mathcal{X}$ と $\mathcal{Y}$ に対し $\mathcal{X}$ を $\mathcal{Y}$ に写すポアンカレ変換が存在するとき，$\mathcal{X}$ は $\mathcal{Y}$ と**ミンコフスキー幾何の意味で合同である**と言い表す．「ミンコフスキー幾何の意味で合同」は長いので，しばしば**ミンコフスキー合同**とか**ポアンカレ合同**と略称する．

5.3 回転群とブースト群

さて後々のために行列値函数について調べておきます．u を変数とする微分可能な函数 $a(u)$，$b(u)$，$c(u)$，$d(u)$ を並べて行列

$$F(u)=\begin{pmatrix}a(u) & b(u)\\ c(u) & d(u)\end{pmatrix}$$

を作ります．これを**行列値函数**（matrix-valued function）とよびます．$F(u)$ の導函数を

$$\dot{F}(u)=\frac{\mathrm{d}F}{\mathrm{d}u}(u)=\begin{pmatrix}\dot{a}(u) & \dot{b}(u)\\ \dot{c}(u) & \dot{d}(u)\end{pmatrix}$$

で定めます．要するに成分をそれぞれ微分すればよいのです．

2次の直交行列は

$$\begin{pmatrix}\cos\theta & -\varepsilon\sin\theta\\ \sin\theta & \varepsilon\cos\theta\end{pmatrix},\quad \varepsilon=\pm 1$$

と表せました．$\varepsilon = 1$ のときは回転行列 $R(\theta)$，$\varepsilon = -1$ のときは線対称移動を表す行列 $S(\theta)$ です．$R(\theta)$，$S(\theta)$ と $\mathbb{L}^2$ の符号行列 $\mathcal{E} = S(0)$ は

$$S(\theta) = R(\theta)\mathcal{E}$$

をみたしていることを注意しておきます．

さて u を変数とする微分可能な函数 $\phi(u)$ を用いて行列値函数 $\Phi(u)$ を

$$\Phi(u) = \begin{pmatrix} \cos\phi(u) & -\varepsilon\sin\phi(u) \\ \sin\phi(u) & \varepsilon\cos\phi(u) \end{pmatrix} = R(\phi(u))\begin{pmatrix} 1 & 0 \\ 0 & \varepsilon \end{pmatrix}$$

で定めます．各 u について $\Phi(u)$ は $\mathrm{O}(2)$ の要素です[*5]．$\Phi(u)$ の導函数を計算すると

$$\dot{\Phi}(u) = \frac{\mathrm{d}}{\mathrm{d}u}\Phi(u)\dot{\phi}(u)\begin{pmatrix} -\sin\phi(u) & -\varepsilon\cos\phi(u) \\ \cos\phi(u) & -\varepsilon\sin\phi(u) \end{pmatrix}.$$

すると

$$\begin{aligned} &\Phi(u)^{-1}\dot{\Phi}(u) \\ =&\dot{\phi}(u)\begin{pmatrix} -\cos\phi(u) & \sin\phi(u) \\ -\varepsilon\sin\phi(u) & \varepsilon\cos\phi(u) \end{pmatrix}\begin{pmatrix} -\sin\phi(u) & -\cos\phi(u) \\ \cos\phi(u) & -\sin\phi(u) \end{pmatrix} \\ =&\varepsilon\,\dot{\phi}(u)\begin{pmatrix} 0 & -1 \\ 1 & 0 \end{pmatrix}. \end{aligned}$$

以後，

$$J = \begin{pmatrix} 0 & -1 \\ 1 & 0 \end{pmatrix}$$

と定めます．J は回転角 $\pi/2$ の回転行列であることに注意してください．ついでに

$$\mathfrak{o}(2) = \{sJ \mid s \in \mathbb{R}\}$$

[*5] $\Phi(u)$ は $\mathrm{O}(2)$ 内の曲線のように思うことができます．

とおきます．$\mathfrak{o}$ は O のドイツ小文字（フラクトゥール体）です[*6]．ここまでの観察をまとめます．

命題 5.1 区間 I で定義された微分可能函数 $\phi(u)$ を用いて行列値函数 $\Phi : I \to \mathrm{O}(2)$ を

$$\Phi(u) = \begin{pmatrix} \cos\phi(u) & -\varepsilon\sin\phi(u) \\ \sin\phi(u) & \varepsilon\cos\phi(u) \end{pmatrix}$$

で定めると $\Phi(u)^{-1}\dot{\Phi}(u)$ は $\mathfrak{o}(2)$ に値をもつ行列値函数である．

逆に連続函数 $\psi(u)$ が与えられたとき行列値函数 $X(u) = \psi(u)J$ に対し

$$\Phi(u)^{-1}\dot{\Phi}(u) = X(u) \tag{5.5}$$

をみたす $\mathrm{O}(2)$ に値をもつ行列値函数 $\Phi(u)$ が存在するかどうかを考察します（これは行列値函数 $\Phi(u)$ を未知函数とする微分方程式です）．$\Phi(u)$ は

$$\Phi(u) = \begin{pmatrix} \cos\phi(u) & -\varepsilon\sin\phi(u) \\ \sin\phi(u) & \varepsilon\cos\phi(u) \end{pmatrix}, \quad \varepsilon = \pm 1$$

と表せるので $\Phi(u)^{-1}\dot{\Phi}(u) = \varepsilon\dot{\phi}(u)J$ をみたします．したがって

$$\dot{\phi}(u) = \varepsilon\,\psi(u)$$

が得られます．ということは

$$\phi(u) = \varepsilon\int\psi(u)\,\mathrm{d}u$$

とおけばよいのです．つまり

$$\Phi(u) = R(\phi(u))\begin{pmatrix} 1 & 0 \\ 0 & \varepsilon \end{pmatrix}, \quad \phi(u) = \varepsilon\int\psi(u)\,\mathrm{d}u$$

が求める $\Phi(u)$ です．

[*6] $\mathfrak{o}(2)$ は1次元の実線型空間（実ベクトル空間）です．ドイツ文字を書くのが面倒なときは，アルファベットの小文字を使って $\mathrm{o}(2)$ と書いたり $\underline{\mathrm{o}}(2)$ と書いたりします．$\mathfrak{o}(2)$ は直交群 $\mathrm{O}(2)$ のリー環とよばれるものです．

微分方程式についてすでに学んでいる読者向けの注意をしておきます．微分方程式を考える際には初期条件を気にかける必要がありますね．回転行列の場合に初期条件を考慮すると次の定理が得られます．

定理 5.3 $\psi(u)$ を 0 を含む区間 I で定義された連続函数とし，$X(u) = \psi(u)J$ とおく．また回転行列 Φ_0 を 1 つ選んでおく．このとき微分方程式

$$\frac{\mathrm{d}}{\mathrm{d}u}\Phi(u) = \Phi(u)X(u)$$

の解 $\Phi : I \to \mathrm{SO}(2)$ で初期条件 $\Phi(0) = \Phi_0$ をみたすものが唯一存在する．

【証明】 Φ_0 は回転行列だから $\Phi_0 = R(\phi_0)$ をみたす $\phi_0 \in [0, 2\pi)$ がただ一つ存在する．そこで

$$\Phi(u) = R(\phi(u)), \quad \phi(u) = \int_0^u \psi(u)\,\mathrm{d}u + \phi_0$$

とおけばよい． ■

今度は u を変数とする微分可能な函数 $\phi(u)$ を用いて

$$\Phi(u) = \begin{pmatrix} \varepsilon_{11}\cosh\phi(u) & \varepsilon_{12}\sinh\phi(u) \\ \varepsilon_{21}\sinh\phi(u) & \varepsilon_{22}\cosh\phi(u) \end{pmatrix} \tag{5.6}$$

とおきます．各 u について $\Phi(u)$ は $\mathrm{O}(1,1)$ の要素です．$\Phi(u)$ の導函数は

$$\dot{\Phi}(u) = \frac{\mathrm{d}}{\mathrm{d}u}\Phi(u) = \dot{\phi}(u)\begin{pmatrix} \varepsilon_{11}\sinh\phi(u) & \varepsilon_{12}\cosh\phi(u) \\ \varepsilon_{21}\cosh\phi(u) & \varepsilon_{22}\sinh\phi(u) \end{pmatrix}$$

と計算されます．ところで

$$\det\Phi(u) = \varepsilon_{11}\varepsilon_{22}(\cosh\phi(u))^2 - \varepsilon_{12}\varepsilon_{21}(\sinh\phi(u))^2 = \varepsilon_{11}\varepsilon_{22} = \pm 1$$

より

$$\Phi(u)^{-1} = \frac{1}{\varepsilon_{11}\varepsilon_{22}}\begin{pmatrix} \varepsilon_{22}\cosh\phi(u) & -\varepsilon_{12}\sinh\phi(u) \\ -\varepsilon_{21}\sinh\phi(u) & \varepsilon_{11}\cosh\phi(u) \end{pmatrix}.$$

これらを用いて $\Phi(u)^{-1}\dot{\Phi}(u)$ を計算すると

$$\Phi(u)^{-1}\dot{\Phi}(u) = \dot{\phi}(u)\begin{pmatrix} 0 & \varepsilon_{12}\varepsilon_{11} \\ \varepsilon_{21}\varepsilon_{22} & 0 \end{pmatrix}$$

となることを確かめてください．ここで

$$(\varepsilon_{12}\,\varepsilon_{11})(\varepsilon_{21}\,\varepsilon_{22}) = (\varepsilon_{11}\,\varepsilon_{22})(\varepsilon_{12}\,\varepsilon_{21}) = (\varepsilon_{11}\,\varepsilon_{22})^2 = 1$$

より $(\varepsilon_{12}\,\varepsilon_{11})$ と $(\varepsilon_{21}\,\varepsilon_{22})$ は同符号です．したがって

$$\Phi(u)^{-1}\dot{\Phi}(u) = \dot{\phi}(u)\begin{pmatrix} 0 & 1 \\ 1 & 0 \end{pmatrix}$$

が得られました．以後，この本を通じて

$$\widehat{J} = \begin{pmatrix} 0 & 1 \\ 1 & 0 \end{pmatrix}$$

と表記します[*7]．ここで

$$\mathfrak{o}(1,1) = \left\{ s\widehat{J} \;\middle|\; s \in \mathbb{R} \right\}$$

とおきます (O(1,1) のリー環). 以上を整理します.

命題 5.2 区間 I で定義された微分可能函数 $\phi(u)$ を用いて行列値函数 $\Phi : I \to \mathrm{O}(1,1)$ を (5.6) で定めると $\Phi(u)^{-1}\dot{\Phi}(u)$ は $\mathfrak{o}(1,1)$ に値をもつ行列値函数である.

逆に $\mathfrak{o}(1,1)$ 内の曲線

$$X(u) = \psi(u)\widehat{J}$$

が与えられたとき

$$\Phi(u)^{-1}\dot{\Phi}(u) = X(u) \tag{5.7}$$

をみたす $\Phi(u)$ が存在するかどうかを考察します．$\Phi(u)$ は (5.6) と表せますから (5.7) は

$$\dot{\phi}(u)\widehat{J} = \psi(u)\widehat{J}$$

[*7] この行列は J' とも表記されます ([17, 註 E.1]). プライム記号が何かの微分に見えて紛らわしいため，この本では $\widehat{J}$ としました [12, 例 4.6].

と書き直せます．したがって

$$\phi(u) = \int \psi(u)\,\mathrm{d}u$$

とおけばよいのです．この $\phi(u)$ を用いて $\Phi(u)$ を (5.6) で定義すればよいのです．とくにブースト行列を用いて

$$\Phi(u) = B(\phi(u))$$

と定めれば $\Phi(u)$ は $\mathrm{SO}^+(1,1)$ に値をもちます．ブーストの場合に初期条件を考慮すると次の定理が得られます．

定理 5.4 $\psi(u)$ を 0 を含む区間 I で定義された連続函数とし，$X(u) = \psi(u)\widehat{J}$ とおく．またブースト行列 Φ_0 を 1 つ選んでおく．このとき微分方程式

$$\frac{\mathrm{d}}{\mathrm{d}u}\Phi(u) = \Phi(u)X(u)$$

の解 $\Phi : I \to \mathrm{SO}^+(1,1)$ で初期条件 $\Phi(0) = \Phi_0$ をみたすものが唯一存在する．

【証明】 Φ_0 はブースト行列だから $\Phi_0 = B(\phi_0)$ をみたす $\phi_0 \in \mathbb{R}$ がただ一つ存在する．そこで

$$\Phi(u) = B(\phi(u)), \quad \phi(u) = \int_0^u \psi(u)\,\mathrm{d}u + \phi_0$$

とおけばよい． ■

この定理は後の章で $\mathbb{L}^2$ 内の曲線を扱う際に用います．

例 5.1 $\psi(u)$ が定数のときを考える．簡単のため $\psi(u) = 1$ としよう．このとき $\phi(u) = u + \phi_0$ であるから求める $\Phi(u)$ は

$$\Phi(u) = \begin{pmatrix} \cosh(u+\phi_0) & \sinh(u+\phi_0) \\ \sinh(u+\phi_0) & \cosh(u+\phi_0) \end{pmatrix}.$$

$\Phi_0 = \Phi(0) = B(\phi_0)$ であるから結局

$$\Phi(u) = \Phi_0\, B(u)$$

である．とくに $\Phi_0 = E$ ならば $\Phi(u) = B(u)$ である．すなわち微分方程式

$$\frac{\mathrm{d}}{\mathrm{d}u}\Phi(u) = \Phi(u)\widehat{J}, \quad \Phi(0) = E \tag{5.8}$$

の解は $\Phi(u) = B(u)$ で与えられる．

註 5.1 (行列の指数函数) 定数 $a \neq 0$ に対し 1 変数函数 $\phi(u) = e^{au}$ は常微分方程式

$$\dot{\phi}(u) = \phi(u)a, \quad \phi(0) = 1$$

をみたしている．行列に関する微分方程式 (5.8) はこの常微分方程式の「行列版」と思える．この見方は正しく，行列の指数函数

$$\exp X = \sum_{n=0}^{\infty} \frac{X^n}{n!}$$

を用いて (5.8) の解を与えることができる．ここでは証明を与えないが次の事実が知られている (詳細は拙著 [12] 参照).

> 行列 $X \in \mathrm{M}_2\mathbb{R}$ に対し微分方程式
>
> $$\frac{\mathrm{d}}{\mathrm{d}u}\mathit{\Phi}(u) = \mathit{\Phi}(u)X, \quad \mathit{\Phi}(0) = E$$
>
> の解 $\mathit{\Phi}(u)$ は行列の指数函数を用いて
>
> $$\mathit{\Phi}(u) = \exp(uX)$$
>
> で与えられる．

この事実から微分方程式 (5.8) の解 $\Phi(u)$ は $\Phi(u) = \exp(u\widehat{J})$ で与えられることがわかる．そこで $\exp(u\widehat{J})$ を求めてみよう．$\widehat{J}^2 = E$ (単位行列) であることに注意すると

$$\begin{aligned}\exp(u\hat{J}) &= \sum_{n=0}^{\infty} \frac{\left(u\widehat{J}\right)^n}{n!} = \sum_{n=0}^{\infty} \frac{\left(u\widehat{J}\right)^{2n}}{(2n)!} + \sum_{n=0}^{\infty} \frac{\left(u\widehat{J}\right)^{2n+1}}{(2n+1)!} \\ &= \sum_{n=0}^{\infty} \frac{u^{2n}}{(2n)!}\, E + \sum_{n=0}^{\infty} \frac{u^{2n+1}}{(2n+1)!}\, \widehat{J} = (\cosh u)E + (\sinh u)\widehat{J} = B(u)\end{aligned}$$

が得られる．この計算をまねて $\exp(uJ) = R(u)$ であることを確かめよ．

直交群 O(2) やローレンツ群 O(1,1) は**リー群**（Lie group）とよばれる数学的対象の一例です．特殊相対性理論より進んだ理論物理学ではリー群（とその表現）が活用されます．

註 5.2 (リー環について学んだ読者向けの注意) SO(2) のリー環 $\mathfrak{so}(2)$ は $\mathfrak{o}(2)$ と一致する．また $SO^+(1,1)$ のリー環 $\mathfrak{so}^+(1,1)$ は O(1,1) のリー環 $\mathfrak{o}(1,1)$ と一致する．

$$
\begin{aligned}
SO(2) &= \{\exp(sJ) \mid s \in \mathbb{R}\} = \exp \mathfrak{so}(2), \\
SO^+(1,1) &= \{\exp(s\hat{J}) \mid s \in \mathbb{R}\} = \exp \mathfrak{so}^+(1,1)
\end{aligned}
$$

が成り立つ ([17, 18] 参照).

【研究課題】 $\mathbb{E}^2$ において，平行移動や回転を線対称移動の合成で表すことができます．より詳しく，$\mathbb{E}^2$ の合同変換は高々 3 個の線対称移動の合成で表せます．まず，この事実を学びましょう*8.

さて，$\mathbb{L}^2$ の場合にはどのようなことがいえるでしょうか？ $\mathbb{L}^2$ においては光的でない直線を軸とする線対称移動を $\mathbb{E}^2$ の場合をまねて定義します．すると $\mathbb{L}^2$ のポアンカレ変換は高々 4 個の線対称移動の合成で表せることが証明できます．この事実を証明しましょう*9.

---

*8 この事実の証明は [26, §3.6, 定理 4]，[11, 定理 2.63] を参照．n 次元ユークリッド空間 $\mathbb{E}^n$ の合同変換は高々 $(n+1)$ 個の面対称移動の合成で表せます．

*9 Nam-Hoon Lee 先生の論文，Reflection theorem for the Lorentz-Minkowski plane, Classical Quantum Gravity **32** (2015), no. 5, 057001, 5 pp を参照．意欲的な読者のために一般次元の場合についても文献を紹介しておきます．Reflection theorem for Lorentz-Minkowski spaces, Gen. Relativity Gravitation **48** (2016), no. 7, Art. 104, 7 pp. $\mathbb{L}^n$ のローレンツ変換が高々 n 個の面対称移動の合成で表せることの証明は T. E. Cecil, Lie Sphere Geometry with Applications to Submanifolds, 2nd ed., Springer, 2008 の §3.2 にもあります．Lee 先生の本，*Geometry: from Isometries to Special Relativity*, UTM, Springer, Cham, 2020 もお薦めです．

6 正規直交基底と零的基底

前章でローレンツ群 O(1,1) を詳しく調べました．この章ではローレンツ群を基底の立場から再考します．また複素数との関連も解説します．

6.1 $\mathbb{R}^2$ の基底

数平面 $\mathbb{R}^2$ の基底について復習します．2 本のベクトル $\boldsymbol{w}_1 \neq \boldsymbol{0}$ と $\boldsymbol{w}_2 \neq \boldsymbol{0}$ が線型独立であるとき，並べる順序を考慮した組 $\mathcal{W} = \{\boldsymbol{w}_1, \boldsymbol{w}_2\}$ を $\mathbb{R}^2$ の基底 (basis) とよびました．ここで $\{\boldsymbol{w}_1, \boldsymbol{w}_2\}$ が線型独立であるとは，c_1，$c_2 \in \mathbb{R}$ に関する方程式

$$c_1 \boldsymbol{w}_1 + c_2 \boldsymbol{w}_2 = \boldsymbol{0}$$

の解が $c_1 = c_2 = 0$ のみであることを思い出してください．基底 $\mathcal{W} = \{\boldsymbol{w}_1, \boldsymbol{w}_2\}$ を指定したとき点 P の位置ベクトル $\overrightarrow{\mathrm{OP}}$ を $\overrightarrow{\mathrm{OP}} = \xi_1 \boldsymbol{w}_1 + \xi_2 \boldsymbol{w}_2$ とただ 1 通りに表すことができます．(ξ_1, ξ_2) を点 P の基底 $\mathcal{W}$ に関する（斜交）座標（または線型座標）とよびました．

第 3 章で説明した「基底の取り替え行列」を再度説明しておきます．基底 $\mathcal{W} = \{\boldsymbol{w}_1, \boldsymbol{w}_2\}$ の他にもう 1 つ基底 $\mathcal{V} = \{\boldsymbol{v}_1, \boldsymbol{v}_2\}$ が与えられているとき

$$\begin{cases} \boldsymbol{v}_1 = q_{11} \boldsymbol{w}_1 + q_{21} \boldsymbol{w}_2 \\ \boldsymbol{v}_2 = q_{12} \boldsymbol{w}_1 + q_{22} \boldsymbol{w}_2 \end{cases}$$

で定まる実数 $q_{11}, q_{12}, q_{21}, q_{22}$ を並べてできる行列

$$Q = \begin{pmatrix} q_{11} & q_{12} \\ q_{21} & q_{22} \end{pmatrix}$$

のことを「基底を $\mathcal{W}$ から $\mathcal{V}$ へ取り替える際の**基底の取り替え行列**」とよびます．2 組の基底の関係を

$$(\boldsymbol{v}_1\ \boldsymbol{v}_2) = (\boldsymbol{w}_1\ \boldsymbol{w}_2) \begin{pmatrix} q_{11} & q_{12} \\ q_{21} & q_{22} \end{pmatrix}$$

と表示し**基底の変換法則**とよびます．基底 $\mathcal{W} = \{\boldsymbol{w}_1, \boldsymbol{w}_2\}$ を並べてできる 2 次行列を $W = (\boldsymbol{w}_1\ \boldsymbol{w}_2)$，基底 $\mathcal{V} = \{\boldsymbol{v}_1, \boldsymbol{v}_2\}$ を並べてできる 2 次行列を $V = (\boldsymbol{v}_1\ \boldsymbol{v}_2)$ とおくと基底の変換法則は行列の関係式

$$V = WQ$$

に書き換えられます．座標系の変換法則も導いておきましょう．点 P の位置ベクトル $\overrightarrow{\mathrm{OP}}$ を

$$\overrightarrow{\mathrm{OP}} = \xi_1 \boldsymbol{w}_1 + \xi_2 \boldsymbol{w}_2 = \eta_1 \boldsymbol{v}_1 + \eta_2 \boldsymbol{v}_2$$

と 2 通りに表します．$\boldsymbol{v}_j = \sum_{i=1}^{2} q_{ij}\, \boldsymbol{w}_i$ より

$$\overrightarrow{\mathrm{OP}} = \sum_{j=1}^{2} \eta_j \boldsymbol{v}_j = \sum_{j=1}^{2} \eta_j \left(\sum_{i=1}^{2} q_{ij} \boldsymbol{w}_i \right) = \sum_{i=1}^{2} \left(\sum_{j=1}^{2} q_{ij} \eta_j \right) \boldsymbol{w}_i.$$

したがって

$$\xi_i = \sum_{j=1}^{2} q_{ij} \eta_j,$$

すなわち

$$\begin{pmatrix} \xi_1 \\ \xi_2 \end{pmatrix} = \begin{pmatrix} q_{11} & q_{12} \\ q_{21} & q_{22} \end{pmatrix} \begin{pmatrix} \eta_1 \\ \eta_2 \end{pmatrix}$$

が得られます．これを**座標変換則**とよびます．

変換行列 Q の役割は基底間では

新基底=旧基底 Q

座標間では

旧座標=Q 新座標

となっています．間違えて覚えてしまう方をよく見かけます．ご注意ください．

基底 $\mathcal{W} = \{\boldsymbol{w}_1, \boldsymbol{w}_2\}$ を並べてできる行列 $W = (\boldsymbol{w}_1, \boldsymbol{w}_2)$ は正則，すなわち逆行列をもつことに注意してください．ここで

$$\mathrm{GL}_2\mathbb{R} = \left\{ A = \begin{pmatrix} a_{11} & a_{12} \\ a_{21} & a_{22} \end{pmatrix} \middle| A \text{ は正則} \right\}$$

と定めます．行列式を使って

$$\mathrm{GL}_2\mathbb{R} = \left\{ A = \begin{pmatrix} a_{11} & a_{12} \\ a_{21} & a_{22} \end{pmatrix} \middle| \det A \neq 0 \right\}$$

と書き直せます．

問題 6.1 $\mathrm{GL}_2\mathbb{R}$ は乗法に関し群をなすことを確かめよ．この群を 2 次の**実一般線型群** (real general linear group) とよぶ．

基底 $\mathcal{W} = \{\boldsymbol{w}_1, \boldsymbol{w}_2\}$ を行列 $W = (\boldsymbol{w}_1\ \boldsymbol{w}_2) \in \mathrm{GL}_2\mathbb{R}$ と同じものと考えてしまってもよいことに気づいていますか？ この解釈をすることで

$$\mathrm{GL}_2\mathbb{R} = \mathbb{R}^2 \text{の基底全体のなす集合}$$

と思うことができます．この本では基底を $\mathcal{W}$，基底の定める行列 W のように書体を変えて記載しますが，慣れてきたら区別をやめてしまって構いません．

$\mathbb{R}^2$ の標準基底

$$\mathcal{E} = \{\boldsymbol{e}_1 = (1,0), \boldsymbol{e}_2 = (0,1)\}$$

を行列と考えたものは単位行列

$$E = \begin{pmatrix} 1 & 0 \\ 0 & 1 \end{pmatrix}$$

であることに注意してください．後々のためにクロネッカーのデルタ記号をここで導入します．番号 i と j に対し

$$\delta_{ii} = 1, \quad i \neq j \text{ のとき } \delta_{ij} = 0 \tag{6.1}$$

で定め，**クロネッカーのデルタ記号**とよびます．これを用いると

$$E = \begin{pmatrix} \delta_{11} & \delta_{12} \\ \delta_{21} & \delta_{22} \end{pmatrix}$$

と書き直せることに注意しましょう．

次は 1 次変換を考察します．2 次行列 $A = (a_{ij})$ の定める $\mathbb{R}^2$ の 1 次変換を f_A とします．すなわち

$$f_A(\boldsymbol{x}) = A\boldsymbol{x}.$$

$\mathbb{R}^2$ の標準基底 $\mathcal{E} = \{\boldsymbol{e}_1, \boldsymbol{e}_2\}$ を用いてベクトル $\boldsymbol{x}$ を

$$\boldsymbol{x} = \begin{pmatrix} x_1 \\ x_2 \end{pmatrix} = x_1\boldsymbol{e}_1 + x_2\boldsymbol{e}_2$$

と表します．この場合，斜交座標は (x_1, x_2) です．f_A で $\boldsymbol{x}$ を写して得られるベクトル $\boldsymbol{y} = A\boldsymbol{x}$ を $\boldsymbol{y} = y_1\boldsymbol{e}_1 + y_2\boldsymbol{e}_2$ と表すと

$$\begin{pmatrix} y_1 \\ y_2 \end{pmatrix} = \begin{pmatrix} a_{11} & a_{12} \\ a_{21} & a_{22} \end{pmatrix} \begin{pmatrix} x_1 \\ x_2 \end{pmatrix}$$

です ($\boldsymbol{y} = A\boldsymbol{x}$ なので当たり前ですが).

標準基底とは限らない一般の基底 $\mathcal{V}$ を使って f_A を表示してみましょう．

$$\boldsymbol{x} = \eta_1\boldsymbol{v}_1 + \eta_2\boldsymbol{v}_2, \quad A\boldsymbol{x} = \zeta_1\boldsymbol{v}_1 + \zeta_2\boldsymbol{v}_2$$

とおくと基底を $\mathcal{E}$ から $\mathcal{V}$ に取り替える際の「基底の取り替え行列」を Q とすると

$$(\boldsymbol{v}_1\ \boldsymbol{v}_2) = (\boldsymbol{e}_1\ \boldsymbol{e}_2)Q = EQ$$

ですから $V = Q$ です．座標変換則は

$$\begin{pmatrix} \eta_1 \\ \eta_2 \end{pmatrix} = Q \begin{pmatrix} x_1 \\ x_2 \end{pmatrix}$$

です．これを $A\boldsymbol{x}$ に適用すれば

$$\begin{pmatrix} \zeta_1 \\ \zeta_2 \end{pmatrix} = Q \begin{pmatrix} y_1 \\ y_2 \end{pmatrix}$$

が得られます．すると

$$\begin{pmatrix} \zeta_1 \\ \zeta_2 \end{pmatrix} = Q \begin{pmatrix} y_1 \\ y_2 \end{pmatrix} = QA \begin{pmatrix} x_1 \\ x_2 \end{pmatrix} = QAQ^{-1} \begin{pmatrix} \eta_1 \\ \eta_2 \end{pmatrix}$$

が導けました．QAQ^{-1} を 1 次変換 f_A の基底 $\mathcal{V}$ に関する**表現行列**とよびます．

6.2 アフィン変換

2 次行列 A の定める 1 次変換

$$f_A(\boldsymbol{x}) = A\boldsymbol{x}$$

と平行移動 $\boldsymbol{x} \longmapsto \boldsymbol{x} + \boldsymbol{b}$ の組合せ

$$\boldsymbol{x} \longmapsto A\boldsymbol{x} + \boldsymbol{b}$$

を**アフィン変換**（affine transformation）とよびます．とくに A が正則行列のとき，この変換を**正則アフィン変換**とよびます．

註 6.1 (アフィン変換の定義) 本によってはアフィン変換の定義に正則性を入れていることがあります．つまり，この本でいう正則アフィン変換をアフィン変換とよんでいるのです．

アフィン変換の合成を考えてみましょう．

$$f_1(\boldsymbol{x}) = A_1\boldsymbol{x} + \boldsymbol{b}_1, \quad f_2(\boldsymbol{x}) = A_2\boldsymbol{x} + \boldsymbol{b}_2$$

に対し

$$f_1(f_2(\boldsymbol{x})) = A_1(A_2\boldsymbol{x} + \boldsymbol{b}_2) + \boldsymbol{b}_1 = A_1A_2\boldsymbol{x} + A_1\boldsymbol{b}_2 + \boldsymbol{b}_1$$

と計算されます．したがって合成変換 $f_1 \circ f_2$ は

$$(f_1 \circ f_2)(\boldsymbol{x}) = (A_1A_2)\boldsymbol{x} + (\boldsymbol{b}_1 + A_1\boldsymbol{b}_2)$$

というアフィン変換です．アフィン変換全体を

$$\mathrm{A}(2) = \{f \mid f \text{ はアフィン変換 }\}$$

で表します．また正則アフィン変換全体を

$$\mathrm{GA}(2) = \{f \mid f \text{ は正則アフィン変換 }\}$$

で表します．GA(2) は行列とベクトルの組で決まるので

$$\mathrm{GA}(2) = \{(A, \boldsymbol{b}) \mid A \in \mathrm{GL}_2\mathbb{R},\ \boldsymbol{b} \in \mathbb{R}^2\}$$

と考えてもよいのです．集合論の記法を使うと

$$\mathrm{GA}(2) = \mathrm{GL}_2\mathbb{R} \times \mathbb{R}^2$$

と表してもよいということです．合成の規則は

$$(A_1, \boldsymbol{b}_1)(A_2, \boldsymbol{b}_2) = (A_1A_2, \boldsymbol{b}_1 + A_1\boldsymbol{b}_2) \tag{6.2}$$

と表示できます．ここまでを整理しましょう．

定理 6.1 GA(2) は積集合 $\mathrm{GL}_2\mathbb{R} \times \mathbb{R}^2$ に乗法 (6.2) を定めたものである．

積集合 $\mathrm{GL}_2\mathbb{R} \times \mathbb{R}^2$ には通常，つぎのような演算を定義します．

$$(A_1, \boldsymbol{b}_1)(A_2, \boldsymbol{b}_2) = (A_1A_2, \boldsymbol{b}_1 + \boldsymbol{b}_2).$$

この演算に関し $\mathrm{GL}_2\mathbb{R} \times \mathbb{R}^2$ は群になります．この群を $\mathrm{GL}_2\mathbb{R}$ と $\mathbb{R}^2$ の**直積群**（direct product）とよびます．直積群とアフィン変換群の混同を避けるため乗法 (6.2) を与えて得られる群を

$$\mathrm{GA}(2) = \mathrm{GL}_2\mathbb{R} \ltimes \mathbb{R}^2$$

と表示します（**半直積群**，semi-direct product とよびます）．半直積群は演算が複雑なので，行列のサイズを一つ大きくして (6.2) を行列の積で書き直す方法があります[*1]．数平面 $\mathbb{R}^2$ を数空間 $\mathbb{R}^3$ 内の部分集合[*2]

$$\left\{ \begin{pmatrix} x_1 \\ x_2 \\ 1 \end{pmatrix} \middle|\ x_1, x_2 \in \mathbb{R} \right\}$$

[*1] これはアフィン変換群を射影変換群に埋め込む方法です．

[*2] より詳しくは $x_3 = 1$ で定まる平面．$\mathbb{R}^3$ 内の平面については第 2 巻 10.4 節で解説します．

と考えてやります．アフィン変換 $(A,\boldsymbol{b})$ を 3 次行列

$$\begin{pmatrix} A & \boldsymbol{b} \\ \mathbf{0} & 1 \end{pmatrix} = \begin{pmatrix} a_{11} & a_{12} & b_1 \\ a_{21} & a_{22} & b_2 \\ 0 & 0 & 1 \end{pmatrix}$$

と対応させてやると $(A_1,\boldsymbol{b}_1)(A_2,\boldsymbol{b}_2)$ は

$$\begin{pmatrix} A_1 & \boldsymbol{b}_1 \\ \mathbf{0} & 1 \end{pmatrix}\begin{pmatrix} A_2 & \boldsymbol{b}_2 \\ \mathbf{0} & 1 \end{pmatrix}$$

と対応します．また恒等変換 $(E,\mathbf{0})$ は **3 次の単位行列**

$$E = \begin{pmatrix} 1 & 0 & 0 \\ 0 & 1 & 0 \\ 0 & 0 & 1 \end{pmatrix}$$

に対応します．したがって GA(2) を

$$\mathrm{GA}(2) = \left\{ \begin{pmatrix} A & \boldsymbol{b} \\ \mathbf{0} & 1 \end{pmatrix} \middle| A \in \mathrm{GL}_2\mathbb{R},\ \boldsymbol{b} \in \mathbb{R}^2 \right\}$$

と考えることができます．

註 6.2 (群論的注意) 成分が実数である 3 次正方行列の全体を $\mathrm{M}_3\mathbb{R}$ とします．

$$\mathrm{GL}_3\mathbb{R} = \{A \in \mathrm{M}_3\mathbb{R} \mid \det A \neq 0\}$$

は行列の積に関し群をなします．この群を 3 次実一般線型群とよびます．

$$\left\{ \begin{pmatrix} A & \boldsymbol{b} \\ \mathbf{0} & 1 \end{pmatrix} \middle| A \in \mathrm{GL}_2\mathbb{R},\ \boldsymbol{b} \in \mathbb{R}^2 \right\}$$

は $\mathrm{GL}_3\mathbb{R}$ の部分群であり，対応

$$\mathrm{GA}(2) \ni (A,\boldsymbol{b}) \longmapsto \begin{pmatrix} A & \boldsymbol{b} \\ \mathbf{0} & 1 \end{pmatrix} \in \mathrm{GL}_3\mathbb{R}$$

は群準同型です．A(2) は

$$\left\{ \begin{pmatrix} A & \boldsymbol{b} \\ \mathbf{0} & 1 \end{pmatrix} \middle| A \in \mathrm{GL}_2\mathbb{R},\ \boldsymbol{b} \in \mathbb{R}^2 \right\}$$

と群として同型です．

6.3 $\mathbb{E}^2$ の基底

ユークリッド平面 $\mathbb{E}^2$ では内積を利用して特別な基底を選ぶことができます．p. 6 の定義 1.2 を再掲します．

定義 6.1 ユークリッド平面 $\mathbb{E}^2$ の基底 $\mathcal{U} = \{\boldsymbol{u}_1, \boldsymbol{u}_2\}$ が

$$\boldsymbol{u}_1 \cdot \boldsymbol{u}_2 = 0$$

をみたすとき**直交基底**（orthogonal basis）とよぶ．直交基底 $\mathcal{U} = \{\boldsymbol{u}_1, \boldsymbol{u}_2\}$ がさらに

$$\boldsymbol{u}_1 \cdot \boldsymbol{u}_1 = \boldsymbol{u}_2 \cdot \boldsymbol{u}_2 = 1$$

をみたすとき**正規直交基底**（orthonormal basis）とよぶ．

基底 $\mathcal{U} = \{\boldsymbol{u}_1, \boldsymbol{u}_2\}$ が正規直交であるための条件を導いておきましょう．そのために次の量を計算しておきます．

定義 6.2 行列 $A = (\boldsymbol{a}_1\ \boldsymbol{a}_2)$ に対し

$${}^tAA = \begin{pmatrix} \boldsymbol{a}_1 \cdot \boldsymbol{a}_1 & \boldsymbol{a}_1 \cdot \boldsymbol{a}_2 \\ \boldsymbol{a}_2 \cdot \boldsymbol{a}_1 & \boldsymbol{a}_2 \cdot \boldsymbol{a}_2 \end{pmatrix}$$

を A の**グラム行列**（Gram matrix）とよぶ．

この定義で ${}^tA$ は A の転置行列です．念のため確認しておきます．

$$A = \begin{pmatrix} a_{11} & a_{12} \\ a_{21} & a_{11} \end{pmatrix} \quad ならば \quad {}^tA = \begin{pmatrix} a_{11} & a_{21} \\ a_{12} & a_{11} \end{pmatrix}.$$

また

$${}^tAA = A\,{}^tA$$

であることを確認してください．

命題 6.1 基底 $\mathcal{A} = \{\boldsymbol{a}_1, \boldsymbol{a}_2\}$ が正規直交基底であるための条件は行列 $A = (\boldsymbol{a}_1 \ \ \boldsymbol{a}_2)$ が

$$ {}^tAA = E \tag{6.3} $$

をみたすことである．

この条件に見覚えがあるはずです (5.1 節参照)．A が直交行列であること，そのものです．

$$ \mathrm{O}(2) = \mathbb{E}^2 \text{の正規直交基底の全体} $$

と考えてよいのです．

$\mathbb{E}^2$ の合同変換は直交変換と平行移動の合成

$$ \boldsymbol{x} \longmapsto A\boldsymbol{x} + \boldsymbol{b}, \quad A \in \mathrm{O}(2), \quad \boldsymbol{b} \in \mathbb{R}^2 $$

で与えられたことと，$\mathrm{GA}(2) = \mathrm{GL}_2\mathbb{R} \ltimes \mathbb{R}^2$ の乗法規則を見比べると合同変換群を

$$ \mathrm{E}(2) = \mathrm{O}(2) \ltimes \mathbb{R}^2 $$

と書き直せることがわかります．また運動群は

$$ \mathrm{SE}(2) = \mathrm{SO}(2) \ltimes \mathbb{R}^2 $$

と書き直せます．改めて 1.3 節，p. 22 の SE(2) の定義を眺めてみてください．

6.4 複素数

平面回転群 SO(2) は複素数と結びついていることを説明しましょう．

複素数 $\mathtt{a} = a_1 + a_2\mathtt{i}$ を複素数 $\mathtt{x} = x_1 + x_2\mathtt{i}$ にかけてみると

$$ (a_1 + a_2\mathtt{i})(x_1 + x_2\mathtt{i}) = (a_1x_1 - a_2x_2) + (a_2x_1 + a_1x_2)\mathtt{i} $$

という計算結果が得られます．この計算をユークリッド平面 $\mathbb{E}^2$ で再考します．複素数 $x_1 + x_2\mathtt{i}$ をユークリッド平面 $\mathbb{E}^2$ の点 $\boldsymbol{x} = (x_1, x_2)$ と考えたとき，

このユークリッド平面と複素数全体を同じものとみなせるようになります．複素数の全体 $\mathbb{C}$ をユークリッド平面と考えたとき，この平面を**複素平面**とよびます．複素数 $x_1 + x_2\mathtt{i}$ の長さ $|\mathrm{x}| = |x_1 + x_2\mathtt{i}|$ はベクトル $\boldsymbol{x} = (x_1, x_2)$ の長さ $\|\boldsymbol{x}\| = \sqrt{\boldsymbol{x}\cdot\boldsymbol{x}}$ と一致していることに注意してください．

$$|\mathrm{x}| = |x_1 + x_2\mathtt{i}| = \|\boldsymbol{x}\| = \sqrt{\boldsymbol{x}\cdot\boldsymbol{x}}.$$

$$\mathrm{x}\overline{\mathrm{x}} = (x_1 + x_2\mathtt{i})(x_1 - x_2\mathtt{i}) = x_1^2 + x_2^2$$

ですから

$$\mathrm{x}\overline{\mathrm{x}} = \boldsymbol{x}\cdot\boldsymbol{x} \tag{6.4}$$

と書き換えることもできます．

さて $a_1 + a_2\mathtt{i}$ を $x_1 + x_2\mathtt{i}$ にかける操作を複素平面上の変換と考えることができます．

$$f_{a_1+a_2\mathtt{i}}(x_1 + x_2\mathtt{i}) = (a_1 + a_2\mathtt{i})(x_1 + x_2\mathtt{i}).$$

$f_{a_1+a_2\mathtt{i}}$ を $\mathbb{E}^2$ の変換だと思い直したものを $f_{\boldsymbol{a}}$ と書くと

$$f_{\boldsymbol{a}}(\boldsymbol{x}) = \begin{pmatrix} a_1 & -a_2 \\ a_2 & a_1 \end{pmatrix} \boldsymbol{x}$$

という1次変換です．そこで $a_1 + a_2\mathtt{i}$ に行列

$$a_1E + a_2J = a_1\begin{pmatrix} 1 & 0 \\ 0 & 1 \end{pmatrix} + a_2\begin{pmatrix} 0 & -1 \\ 1 & 0 \end{pmatrix}$$

を対応させてやると複素数の全体 $\mathbb{C}$ を

$$\mathbf{C} = \{a_1E + a_2J \mid a_1, a_2 \in \mathbb{R}\}$$

という行列のなす集合と考え直すことができます．とくに 1 は単位行列 E に対応し虚数単位 $\mathtt{i}$ は J に対応します．J は $\pi/2$ 回転の回転行列 $R(\pi/2)$ と一致することを改めて注意しておきます．

ユークリッド平面 $\mathbb{E}^2$ 上の原点を中心とする単位円 $x_1^2+x_2^2=1$ はどういう行列の集合になるでしょうか.

$$\det\begin{pmatrix} x_1 & -x_2 \\ x_2 & x_1 \end{pmatrix} = x_1^2+x_2^2$$

ですから単位円は

$$\left\{\begin{pmatrix} x_1 & -x_2 \\ x_2 & x_1 \end{pmatrix} \middle|\, x_1, x_2 \in \mathbb{R},\ x_1^2+x_2^2=1\right\}$$

に対応します. $x_1=\cos\theta,\ x_2=\sin\theta$ と表すと単位円は

$$\left\{\begin{pmatrix} \cos\theta & -\sin\theta \\ \sin\theta & \cos\theta \end{pmatrix} \middle|\, 0 \leqq \theta < 2\pi\right\}$$

と書き直せます. これはユークリッド平面の**回転群** SO(2) に他なりません.

$$\mathrm{SO}(2) = \{X = x_1E + x_2J \mid \det X = 1\} \tag{6.5}$$

という表示が得られました. SO(2) は

$$\{\cos\theta + \sin\theta\,\mathtt{i} \mid 0 \leqq \theta < 2\pi\} \subset \mathbb{C}$$

と対応します. この群を U(1) と表記し 1 次の**ユニタリー群**とよびます. 複素数の指数函数

$$e^{\mathtt{i}\theta} = \cos\theta + \sin\theta\,\mathtt{i}$$

を用いると

$$\mathrm{U}(1) = \left\{e^{\mathtt{i}\theta} \mid 0 \leqq \theta < 2\pi\right\}$$

と書き換えられます. U(1) は SO(2) を複素数を用いて表示し直したものです. 繰り返しになりますが U(1) は複素平面 $\mathbb{C}$ の原点を中心とする単位円です. 平面運動群は

$$\mathrm{SE}(2) = \mathrm{U}(1) \ltimes \mathbb{C}$$

と表せます.

6.5 $\mathbb{L}^2$ の基底

$\mathbb{L}^2$ の標準基底 $\mathcal{E} = \{e_1, e_2\}$ は

$$\langle e_1, e_1 \rangle = 1, \quad \langle e_1, e_2 \rangle = 0, \quad \langle e_2, e_2 \rangle = -1$$

をみたしています．そこで次のように定義しましょう．

$$\langle u_1, u_1 \rangle = 1, \quad \langle u_1, u_1 \rangle = 0, \quad \langle u_1, u_1 \rangle = -1$$

をみたす基底を $\mathbb{L}^2$ の**正規直交基底**とよびます．

註 6.3 (広義の正規直交基底)

$$\langle u_1, u_1 \rangle = -1, \quad \langle u_1, u_1 \rangle = 0, \quad \langle u_1, u_1 \rangle = 1$$

をみたすものも正規直交基底に含めておくと便利なことがあります．この本では

$$\langle u_1, u_1 \rangle = -\langle u_2, u_2 \rangle = \pm 1, \quad \langle u_1, u_1 \rangle = 0$$

をみたす基底を**広義の正規直交基底**とよぶことにします．

クロネッカーのデルタ記号をまねて

$$\eta_{11} = 1, \quad \eta_{12} = \eta_{21} = 0, \quad \eta_{22} = -1$$

と定めます（特殊相対性理論でよく使われます）．符号行列 $\mathcal{E} = \mathcal{E}_{1,1}$ は

$$\mathcal{E} = \begin{pmatrix} \eta_{11} & \eta_{12} \\ \eta_{21} & \eta_{22} \end{pmatrix} = \begin{pmatrix} 1 & 0 \\ 0 & -1 \end{pmatrix}$$

と表せます．

ポアンカレ変換はローレンツ変換と平行移動の組合せでしたから，ポアンカレ群 $\mathrm{E}(1,1)$ は

$$\mathrm{O}(1,1) \ltimes \mathbb{R}^2$$

と表されます．5.3 節でローレンツ群 $\mathrm{O}(1,1)$ が 4 つの連結成分に分解されることを説明しました．その分解をみると $\mathrm{O}(1,1)$ のどの要素も $\mathbb{L}^2$ の正規直交基底を並べてできる行列になっています．

逆に $\{\boldsymbol{u}_1, \boldsymbol{u}_2\}$ が $\mathbb{L}^2$ の正規直交基底ならば行列 $U = (\boldsymbol{u}_1\ \boldsymbol{u}_2)$ は $\mathrm{O}(1,1)$ の要素です．したがって，

$$\mathrm{O}(1,1) = \mathbb{L}^2\text{の正規直交基底の全体}$$

と思うことができます．

6.6 亜複素数

虚数単位 $\mathtt{i}$ は $\mathtt{i}^2 = -1$ をみたすものとして導入されました．ここで $\mathtt{i}'$ を $(\mathtt{i}')^2 = +1$ をみたすものとして

$$\mathbb{C}' = \left\{ \mathsf{a} = a_1 + a_2\mathtt{i}' \;\middle|\; a_1, a_2 \in \mathbb{R} \right\}$$

という集合を考えます．ただし 1 と $\mathtt{i}'$ は $\mathbb{R}$ 上で**線型独立**とします．つまり

$$a_1 + a_2\mathtt{i}' = 0 \Longleftrightarrow a_1 = a_2 = 0.$$

言い換えると

$$a_1 + a_2\mathtt{i}' = b_1 + b_2\mathtt{i}' \Longleftrightarrow a_1 = b_1 \ \&\ a_2 = b_2$$

ということです．$\mathbb{C}'$ の要素を**亜複素数**（または**パラ複素数**）とよびます．複素数のときと同じ要領で，亜複素数の加法・減法・乗法・除法を定義します．また $\mathsf{x} = x_1 + x_2\mathtt{i}'$ の**共軛亜複素数**（きょうやく） $\check{\mathsf{x}}$ を $\check{\mathsf{x}} = x_1 - x_2\mathtt{i}'$ で定めます．複素数のときとの大きな違いは

$$\mathsf{x}\check{\mathsf{x}} = (x_1 + x_2\mathtt{i}')(x_1 - x_2\mathtt{i}') = x_1^2 - x_2^2$$

なので $\mathsf{x}\check{\mathsf{x}}$ が非負とは限らないのです．また $\mathsf{x} \neq 0$ でも $\mathsf{x}\check{\mathsf{x}} = 0$ なりえます．実際，実数 $a \neq 0$ に対し $\mathsf{x} = a \pm a\mathtt{i}'$ とおけば，$\mathsf{x} \neq 0$ ですが $\mathsf{x}\check{\mathsf{x}} = 0$ です．こ

の性質は欠点のように思えますが，そうでもないのです．ミンコフスキー平面との関係が見えてきませんか？

複素平面と同様に亜複素平面を考えます．つまり亜複素数 $\mathsf{x} = x_1 + x_2\mathtt{i}'$ を数平面 $\mathbb{R}^2$ の点 $\boldsymbol{x} = (x_1, x_2)$ だと思います．すると

$$\mathsf{x}\check{\mathsf{x}} = \langle \boldsymbol{x}, \boldsymbol{x} \rangle = x_1^2 - x_2^2$$

が成り立ちます．複素平面 $\mathbb{C}$ がユークリッド平面 $\mathbb{E}^2$ と対応したように，亜複素平面 $\mathbb{C}'$ はミンコフスキー平面 $\mathbb{L}^2$ と思えるのです．

$\mathtt{i}'$ を亜複素数 $\mathsf{x} = x_1 + x_2\mathtt{i}'$ にかける操作を $f_{\mathtt{i}'}$ で表します．$f_{\mathtt{i}'}(\mathsf{x}) = \mathtt{i}'(x_1 + x_2\mathtt{i}') = x_2 + x_1\mathtt{i}'$ ですから，亜複素平面上では $f_{\mathtt{i}'}$ はベクトル (x_1, x_2) を (x_2, x_1) に写しています．$f_{\mathtt{i}'}$ は $\mathbb{R}^2$ の線型変換であり，基底 $\{\boldsymbol{e}_1 = (1,0), \boldsymbol{e}_2 = (0,1)\}$ に関する $f_{\mathtt{i}'}$ の表現行列は

$$\widehat{J} = \begin{pmatrix} 0 & 1 \\ 1 & 0 \end{pmatrix}$$

です．より一般に $a_1 + a_2\mathtt{i}'$ をかける操作で決まる 1 次変換の表現行列は $a_1 E + a_2 \widehat{J}$ であることを確かめてみてください．

亜複素数全体 $\mathbb{C}'$ に対して

$$x_1 + x_2\mathtt{i}' \longmapsto x_1 E + x_2 \widehat{J}$$

と対応させれば，亜複素数の全体 $\mathbb{C}'$ は

$$\left\{ \begin{pmatrix} x_1 & x_2 \\ x_2 & x_1 \end{pmatrix} \middle| \; x_1, x_2 \in \mathbb{R} \right\}$$

と対応します．

$$\det(x_1 E + x_2 \widehat{J}) = x_1^2 - x_2^2 = (x_1 + x_2\mathtt{i}')(x_1 - x_2\mathtt{i}')$$

に注意すると

$$\mathrm{SO}(1,1) = \left\{ X = x_1 E + x_2 \widehat{J} \;\middle|\; \det X = 1 \right\}$$

が得られます.

以上のことから亜複素平面はミンコフスキー平面と考えることが適切だと納得できたでしょうか.

註 6.4 (亜正則函数) 複素函数論を既に学ばれた方のために亜複素数函数の微分について紹介しておく. 複素正則函数の定義をまねて, 次の定義を行う.

$\mathcal{D}$ を亜複素平面内の領域とする. 函数 $f : \mathcal{D} \to \mathbb{C}'$ が点 $\mathsf{x} = x + y\mathtt{i}' \in D$ において**亜複素微分可能**であるとは, 以下の条件をみたす亜複素数 $\alpha(z)$ が存在するときをいう：

$$f(\mathsf{x}+\mathsf{h}) - f(\mathsf{x}) = \alpha(\mathsf{x})\mathsf{h} + \sigma(\mathsf{x},\mathsf{h})\left(h_1^2 + h_2^2\right).$$

ただし, $\mathsf{h} = h_1 + h_2\mathtt{i}' \in \mathbb{C}'$ とし, $\sigma(\mathsf{x},\mathsf{h})$ は

$$\lim_{h \to 0} \sigma(\mathsf{x},\mathsf{h}) = 0$$

をみたす. すべての点 $\mathsf{x} \in \mathcal{D}$ で亜複素微分可能であるとき, f は $\mathcal{D}$ で亜複素微分可能であるという.

この定義に基づき, 亜複素微分可能函数を研究できる. 興味のある読者は文献 [109, 124] を参照されたい.

6.7 零的基底

ミンコフスキー平面では, 光的ベクトルが存在するため, 正規直交基底でなく光的ベクトルを用いた基底を用いることが適切なことがあります.

光錐

$$\Lambda = \{\boldsymbol{x} \in \mathbb{L}^2 \mid \langle \boldsymbol{x}, \boldsymbol{x} \rangle = 0,\ \ \boldsymbol{x} \neq \mathbf{0}\}$$

に着目します. Λ の要素

$$\boldsymbol{n}_+ = \frac{1}{\sqrt{2}}(\boldsymbol{e}_1 + \boldsymbol{e}_2), \quad \boldsymbol{n}_- = \frac{1}{\sqrt{2}}(\boldsymbol{e}_1 - \boldsymbol{e}_2),$$

は線型独立ですから $\mathbb{L}^2$ の基底として採用できます.

$$\langle \boldsymbol{n}_+, \boldsymbol{n}_+ \rangle = \langle \boldsymbol{n}_-, \boldsymbol{n}_- \rangle = 0, \quad \langle \boldsymbol{n}_+, \boldsymbol{n}_- \rangle = 1$$

をみたしています. ここで次の定義を行います.

定義 6.3 $\mathbb{L}^2$ の基底 $\mathcal{L} = \{\boldsymbol{l}_1, \boldsymbol{l}_2\}$ が

$$\langle \boldsymbol{l}_1, \boldsymbol{l}_1 \rangle = \langle \boldsymbol{l}_2, \boldsymbol{l}_2 \rangle = 0, \quad \langle \boldsymbol{l}_1, \boldsymbol{l}_2 \rangle \neq 0$$

をみたすとき $\mathbb{L}^2$ の**零的基底**（null basis）とよぶ．零的基底 $\{\boldsymbol{l}_1, \boldsymbol{l}_2\}$ に関する斜交座標のことを**零的座標**（null coordinates）とよぶ．

零的基底の選び方は文献や使用用途で異なります．

$$\langle \boldsymbol{l}_1, \boldsymbol{l}_1 \rangle = \langle \boldsymbol{l}_2, \boldsymbol{l}_2 \rangle = 0, \quad \langle \boldsymbol{l}_1, \boldsymbol{l}_2 \rangle = 1$$

または

$$\langle \boldsymbol{l}_1, \boldsymbol{l}_1 \rangle = \langle \boldsymbol{l}_2, \boldsymbol{l}_2 \rangle = 0, \quad \langle \boldsymbol{l}_1, \boldsymbol{l}_2 \rangle = -1$$

と選ぶことが多いです．

例 6.1 標準基底 $\{\boldsymbol{e}_1, \boldsymbol{e}_2\}$ に関する $\mathbb{L}^2$ の座標系 (x_1, x_2) と零的基底 $\{\boldsymbol{n}_+, \boldsymbol{n}_-\}$ に関する斜交座標 (ξ_1, ξ_2) の間には

$$\xi_1 = \frac{x_1 + x_2}{\sqrt{2}}, \quad \xi_2 = \frac{x_1 - x_2}{\sqrt{2}}.$$

という関係式が成り立つ．

例 6.2 零的基底 $\{\boldsymbol{l}_+, \boldsymbol{l}_-\}$ を

$$\boldsymbol{l}_+ = \frac{1}{2}(\boldsymbol{e}_1 + \boldsymbol{e}_2), \quad \boldsymbol{l}_+ = \frac{1}{2}(\boldsymbol{e}_1 - \boldsymbol{e}_2)$$

に関する零的座標 (u_1, u_2) は標準座標 (x_1, x_2) を用いて

$$u_1 = x_1 + x_2, \quad u_2 = x_1 - x_2$$

と表せる．特殊相対性理論において，真空中の光速度が 1 となる単位系を採用し，$x_1 = x$ (空間座標), $x_2 = t$ (時間座標) としたとき，$(x + t, x - t)$ を**光錐座標**（lightcone coordinates）とよぶ．この零的基底は亜複素数を用いると

$$\frac{1}{2}(1 + \mathtt{i}'), \quad \frac{1}{2}(1 - \mathtt{i}')$$

と表せる．

問題 6.2 k は実数, a, b, c, d は $ad - bc = 1$ を満たす実数とする．行列 $C = \begin{pmatrix} a & b \\ c & d \end{pmatrix}$ の表す移動は次の3条件をみたすとする．

(イ) 直線 $y = x$ 上の点は直線 $y = x$ 上の点に移る．

(ロ) 直線 $y = -x$ 上の点は直線 $y = -x$ 上の点に移る．

(ハ) x 軸上の点は直線 $y = kx$ 上の点に移る．

(1) k のとりうる値の範囲を求めよ．

(2) C を k で表せ．

〔北海道大・理系/記号の変更をした〕

7 平面曲線

第 4 章でミンコフスキー平面の 2 次曲線を考察しました．この章では第 5 章で解説したローレンツ群を用いてミンコフスキー平面の曲線を扱います．

7.1 ユークリッド平面の場合

まず最初はユークリッド内積もローレンツ内積もない数平面 $\mathbb{R}^2$ で考えます．

定義 7.1 $I \subset \mathbb{R}$ を区間とする．I で定義された C^∞ 級のベクトル値函数 $\boldsymbol{x}(u) = (x_1(u), x_2(u)) : I \to \mathbb{R}^2$ が

$$\frac{\mathrm{d}\boldsymbol{x}}{\mathrm{d}u}(u) \neq \mathbf{0}$$

をみたすとき $\mathbb{R}^2$ 内の**正則曲線**（regular curve）であるという．

点 $a \in I$ に対し

$$\frac{\mathrm{d}\boldsymbol{x}}{\mathrm{d}u}(a) = \left(\frac{\mathrm{d}x_1}{\mathrm{d}u}(a), \frac{\mathrm{d}x_2}{\mathrm{d}u}(a)\right)$$

を $u = a$ における $\boldsymbol{x}$ の**接ベクトル**（tangent vector）とよぶ．

例 7.1 (円) $I = \mathbb{R}$ とする．$\boldsymbol{x} : \mathbb{R} \to \mathbb{E}^2$ を

$$\boldsymbol{x}(u) = (x_1(u), x_2(u)) = \left(\frac{1-u^2}{1+u^2}, \frac{2u}{1+u^2}\right)$$

で定めると，これは正則曲線である．$x_1(u)^2 + x_2(u)^2 = 1$ であるから，$\boldsymbol{x}(u)$ は原点を中心とする半径 1 の円周から点 $(-1,0)$ を除いてできる曲線を表す．

$\mathbb{R}^2$ にユークリッド内積を与えてユークリッド平面 $\mathbb{E}^2$ にします．

閉区間 $I = [a, b]$ で定義された $\mathbb{E}^2$ 内の正則曲線 $\boldsymbol{x}(u)$ に対し I 上の函数 $s = s(u)$ を

$$s(u) = \int_a^u \sqrt{\frac{\mathrm{d}\boldsymbol{x}}{\mathrm{d}u}(u) \cdot \frac{\mathrm{d}\boldsymbol{x}}{\mathrm{d}u}(u)}\ \mathrm{d}u$$

で定めます．$s(u)$ を $\boldsymbol{x}$ の始点 $\boldsymbol{x}(a)$ から $\boldsymbol{x}(u)$ まで測った**弧長函数**とよびます．

$$\frac{\mathrm{d}s}{\mathrm{d}u} = \frac{\mathrm{d}\boldsymbol{x}}{\mathrm{d}u}(u) \cdot \frac{\mathrm{d}\boldsymbol{x}}{\mathrm{d}u}(u) > 0$$

より（逆函数定理から）$s = s(u)$ は逆函数をもちます．逆函数を $u = u(s)$, $0 \leqq s \leqq \ell = s(b)$ で表しましょう．この逆函数を用いて，s を曲線を表示する径数として使うことができるのです．つまり

$$\boldsymbol{x}(s) := \boldsymbol{x}(u(s))$$

と s を径数として書き換えるのです．s を $\boldsymbol{x}$ の径数として採用するとき s を**弧長径数**（arclength parameter）とよびます．弧長径数に関する微分演算はプライム ($'$)

$$\boldsymbol{x}'(s) = \frac{\mathrm{d}\boldsymbol{x}}{\mathrm{d}s}(s).$$

を用いることにしましょう．

$$\|\boldsymbol{x}'(s)\| = \left\|\frac{\mathrm{d}\boldsymbol{x}}{\mathrm{d}s}(s)\right\| = \left\|\frac{\mathrm{d}\boldsymbol{x}}{\mathrm{d}u}(u(s))\frac{\mathrm{d}u}{\mathrm{d}s}(s)\right\| = \left|\frac{\mathrm{d}u}{\mathrm{d}s}(s)\right| \frac{1}{|\frac{\mathrm{d}u}{\mathrm{d}s}(s)|} = 1$$

より弧長径数を用いた表示 $\boldsymbol{x}(s)$ は正則です．

弧長径数表示された曲線 $\boldsymbol{x}(s) = (x_1(s), x_2(s))$ において

$$\boldsymbol{T}(s) = \boldsymbol{x}'(s) = \begin{pmatrix} x_1'(s) \\ x_2'(s) \end{pmatrix}$$

は，この曲線に沿った単位ベクトル場です．これを $\boldsymbol{x}(s)$ の**単位接ベクトル場**（unit tangent vector field）とよびます．$\boldsymbol{T}(s)$ に正の 90° 回転の行列

$J = R(\pi/2)$ を施して得られるベクトル場

$$N(s) = \begin{pmatrix} 0 & -1 \\ 1 & 0 \end{pmatrix} \begin{pmatrix} x_1'(s) \\ x_2'(s) \end{pmatrix} = \begin{pmatrix} -x_2'(s) \\ x_1'(s) \end{pmatrix}$$

を $\boldsymbol{x}(s)$ の**単位法ベクトル場**（unit normal vector field）とよびます．すると

$$F(s) = (\boldsymbol{T}(s)\ \boldsymbol{N}(s)) = \begin{pmatrix} x_1'(s) & -x_2'(s) \\ x_2'(s) & x_1'(s) \end{pmatrix}$$

は直交行列，とくに回転行列です．実際，$\|\boldsymbol{T}(s)\| = 1$ より

$$x_1'(s) = \cos\theta(s), \quad x_2'(s) = \sin\theta(s)$$

とおけるので $F(s) = R(\theta(s))$ です．次の公式を確かめてください[*1]．

$$F(s)^{-1}F'(s) = \theta'(s)J.$$

でも何か見覚えがないですか？第 5 章の命題 5.1 の証明でこういう計算をすでに実行しています．ここで $\kappa_{\mathsf{E}}(s) = \theta'(s)$ と定め，この曲線の（ユークリッド）**曲率**とよびます．

例 7.2 (直線) 直線 $\boldsymbol{x}(s) = \boldsymbol{a} + s\boldsymbol{w}$ が弧長径数表示であるための条件は $\boldsymbol{w} \cdot \boldsymbol{w} = 1$. 曲率は 0.

問題 7.1 例 7.1 の円の曲率が 1 であることを確かめよ．

ユークリッド平面内の曲線に対し次の定理が成り立ちます (証明は [14] 参照).

定理 7.1 (平面曲線の基本定理) (1) $\boldsymbol{x}(s)$ を弧長径数表示された $\mathbb{E}^2$ 内の曲線とする．このとき行列値函数 $F(s)$ を $F(s) = (\boldsymbol{T}(s)\,\boldsymbol{N}(s))$ で定めると $F(s)$ は回転群 SO(2) に値をもち微分方程式（**フレネ方程式**）

$$\frac{\mathrm{d}}{\mathrm{d}s}F(s) = F(s) \begin{pmatrix} 0 & -\kappa_{\mathsf{E}}(s) \\ \kappa_{\mathsf{E}}(s) & 0 \end{pmatrix}$$

[*1] $F(s)^{-1}F'(s)$ は SO(2) のリー環 $\mathfrak{so}(2)$ に値をもちます．

をみたす．$\kappa_{\mathsf{E}}(s)$ はユークリッド曲率である．$F(s)$ を**フレネ標構** (Frenet frame) とよぶ．

(2) 与えられた C^∞ 級函数 $\kappa_{\mathsf{E}}(s)$ に対し s を弧長径数に，$\kappa_{\mathsf{E}}(s)$ を曲率にもつ空間的曲線 $\boldsymbol{x}(s)$ が存在する．それらは互いにユークリッド運動で重なる．すなわち $\kappa(s)$ をユークリッド曲率にもつ平面曲線は

$$R(\psi)\boldsymbol{x}(s) + \boldsymbol{b}, \quad \psi \in \mathbb{R}, \quad \boldsymbol{b} \in \mathbb{R}^2$$

で与えられる．とくに $\boldsymbol{x}(s)$ と合同である．

(3) s_0 を含む区間 I で定義された C^∞ 級函数 $\kappa(s)$ に対し

$$\theta(s) = \int_{s_0}^{s} \kappa_{\mathsf{E}}(s)\,\mathrm{d}s + \theta_0,$$
$$\boldsymbol{x}(s) = \int_{s_0}^{s} (\cos\phi(s), \sinh\phi(s))\,\mathrm{d}s + \boldsymbol{x}_0$$

は弧長径数表示された平面曲線で s を弧長径数，$\kappa_{\mathsf{E}}(s)$ をユークリッド曲率にもつ．

つまり，ユークリッド幾何においては「平面曲線はユークリッド曲率で決定される」のです．

例 7.3 (対数螺旋) a，$b > 0$ とする．$\boldsymbol{p}(t) = a(e^{bt}\cos t, e^{bt}\sin t)$ を**対数螺旋**という．対数螺旋のユークリッド曲率は $\kappa_{\mathsf{E}}(s) = 1/\left(bs + a\sqrt{1+b^2}\right)$. 弧長径数は $s = a\sqrt{1+b^2}(e^{bt}-1)/b$.

7.2 空間的曲線

では $\mathbb{L}^2$ 内の曲線を調べましょう．$\mathbb{L}^2$ 内の正則曲線 $\boldsymbol{x}(u) = (x_1(u), x_2(u))$ の接ベクトル場がつねに空間的，すなわち

$$\left\langle \frac{\mathrm{d}\boldsymbol{x}}{\mathrm{d}u}(u), \frac{\mathrm{d}\boldsymbol{x}}{\mathrm{d}u}(u) \right\rangle > 0$$

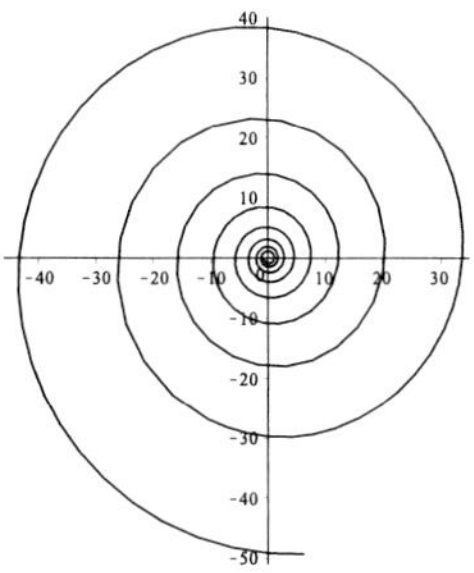

図 7.1　対数螺旋 ($a = 1, b = 0.08, -\pi \leqq s \leqq 15.54\pi$)

をみたすとき $\boldsymbol{x}(u)$ を**空間的曲線**（spacelike curve）とよびます．空間的曲線のときは $\mathbb{E}^2$ のときのように

$$s(u) = \int_{u_0}^{u} \sqrt{\left\langle \frac{\mathrm{d}\boldsymbol{x}}{\mathrm{d}u}(u), \frac{\mathrm{d}\boldsymbol{x}}{\mathrm{d}u}(u) \right\rangle}\, \mathrm{d}u$$

を径数として採用できます．この径数 s を**弧長径数**とよびます．以下，空間的曲線は弧長径数 s を用いて径数表示します．あらためて

$$\boldsymbol{T}(s) = \boldsymbol{x}'(s) = \frac{\mathrm{d}\boldsymbol{x}}{\mathrm{d}s}(s)$$

を $\boldsymbol{x}(s)$ の単位接ベクトル場と定めましょう．

$$\boldsymbol{T}(s) = (x_1'(s), x_2'(s))$$

と表示すると

$$x_1'(s)^2 - x_2'(s)^2 = 1$$

をみたしますから $\boldsymbol{T}(s)$ は擬円

$$\mathbb{S}_1^1(1) = \left\{ (x_1, x_2) \in \mathbb{L}^2 \mid x_1^2 - x_2^2 = 1 \right\}$$

上を動きます．ユークリッド幾何のときの「単位法ベクトル場」に相当するものとして

$$\boldsymbol{N}(s) = \widehat{J}\boldsymbol{T}(s) = \begin{pmatrix} x_2'(s) \\ x_1'(s) \end{pmatrix}$$

を定めます．

$$\langle \boldsymbol{T}(s), \boldsymbol{N}(s) \rangle = x_1'(s)x_2'(s) - x_2'(s)x_1'(s) = 0.$$

また $\widehat{J} \in \mathrm{SO}^+(1,1)$ より $\langle \boldsymbol{N}(s), \boldsymbol{N}(s) \rangle = 1$ です．ユークリッド幾何のときのフレネ標構をまねて $F(s) = (\boldsymbol{T}(s)\ \boldsymbol{N}(s))$ とおきます．これを空間的曲線 $\boldsymbol{x}(s)$ の**フレネ標構**とよびます．また $\boldsymbol{N}(s)$ は双曲線

$$\mathbb{H}_0^1 = \left\{ (y_1, y_2) \in \mathbb{L}^2 \mid y_1^2 - y_2^2 = -1 \right\}$$

を動きます．ところで $\boldsymbol{T}(s)$ も $\boldsymbol{N}(s)$ も s について連続なベクトル値函数ですから双曲線のある葉から別の葉にいきなりジャンプしたりしません．そこで以下 $x_1'(s) > 0$ という仮定をおくことにします．つまり $\boldsymbol{N}(s)$ は**未来的**な時間的単位ベクトル場であると仮定します．するとフレネ標構

$$F(s) = \begin{pmatrix} x_1'(s) & x_2'(s) \\ x_2'(s) & x_1'(s) \end{pmatrix}$$

は

$$F(s) = \begin{pmatrix} \cosh\phi(s) & \sinh\phi(s) \\ \sinh\phi(s) & \cosh\phi(s) \end{pmatrix} = B(\phi(s))$$

と表せます．したがって $F(s) = (\boldsymbol{T}(s)\ \boldsymbol{N}(s))$ はブースト群 $\mathrm{SO}^+(1,1)$ に値をもちます．

ユークリッド幾何のときの平面曲線をまねて $F(s)$ の変化を調べてみましょう．$F(s) = B(\phi(s))$ に対し簡単な計算で

$$F(s)^{-1}F'(s) = \phi'(s)\widehat{J}$$

が確かめられます[*2]．ここで

$$\kappa(s) = -\phi'(s)$$

[*2] 第5章の命題5.2の証明を参照．

とおき，この空間的曲線 $\boldsymbol{x}(s)$ の**曲率**とよびます[*3]．また第 5 章で

$$\mathfrak{o}(1,1) = \{\lambda \widehat{J} \mid \lambda \in \mathbb{R}\}$$

を導入しました[*4]．行列値函数 $F(s)^{-1}F'(s)$ は $\mathfrak{o}(1,1)$ に値をもつことに注意してください．

ユークリッド幾何のときの類似で，$\mathbb{L}^2$ 内の空間的曲線は向きと時間的向き付けを保つポアンカレ変換（すなわちブーストと平行移動）を込めて一意的に定まることが言えます．

定理 7.2 (空間的曲線の基本定理) (1) $\boldsymbol{x}(s)$ を弧長径数表示された空間的曲線で単位法ベクトル場 $\boldsymbol{N}(s)$ が未来的であるものとする．このとき行列値函数 $F(s)$ を $F(s) = (\boldsymbol{T}(s)\,\boldsymbol{N}(s))$ で定めると $F(s)$ は $\mathrm{SO}^+(1,1)$ に値をもち微分方程式（**フレネ方程式**）

$$\frac{\mathrm{d}}{\mathrm{d}s}F(s) = F(s)\begin{pmatrix} 0 & -\kappa(s) \\ -\kappa(s) & 0 \end{pmatrix}$$

をみたす．$\kappa(s)$ は曲率である．

(2) 与えられた C^∞ 級函数 $\kappa(s)$ に対し s を弧長径数に，$\kappa(s)$ を曲率にもつ空間的曲線 $\boldsymbol{x}(s)$ が存在する．それらは互いにポアンカレ変換で重なる．すなわち $\kappa(s)$ を曲率にもつ空間的曲線で単位法ベクトル場が未来的であるものは

$$B(\psi)\boldsymbol{x}(s) + \boldsymbol{b}, \quad \psi \in \mathbb{R}, \quad \boldsymbol{b} \in \mathbb{R}^2$$

で与えられる．とくに $\boldsymbol{x}(s)$ とミンコフスキー合同である．

(3) s_0 を含む区間 I で定義された C^∞ 級函数 $\kappa(s)$ に対し

$$\phi(s) = -\int_{s_0}^{s} \kappa(s)\,\mathrm{d}s,$$
$$\boldsymbol{x}(s) = \int_{s_0}^{s} (\cosh\phi(s), \sinh\phi(s))\,\mathrm{d}s$$

[*3] $\kappa(s) = \phi'(s)$ と定める文献も多いです．

[*4] $\mathrm{O}(1,1)$ のリー環．

は s を弧長径数，$\kappa(s)$ を曲率にもつ空間的曲線で単位法ベクトル場が未来的なものである．

例 7.4 (空間的直線) 空間的直線 $\boldsymbol{x}(s) = \boldsymbol{a} + s\boldsymbol{w}$ が弧長径数表示であるための条件は $\langle \boldsymbol{w}, \boldsymbol{w} \rangle = 1$. 曲率は 0.

例 7.5 (空間的双曲線) $k \neq 0$ に対し平面曲線 $\boldsymbol{x}(s)$ を

$$\boldsymbol{x(s)} = (\sinh(ks)/k, \cosh(ks)/k)$$

で定める．これは原点を中心とする半径 $1/|k|$ の空間的双曲線 $\mathbb{H}^1_0(1/|k|)$ の一葉である．

$$\boldsymbol{T}(s) = (\cosh(ks), \sinh(ks))$$

より $\boldsymbol{x}(s)$ は弧長径数表示された空間的曲線であることがわかる．

$$\boldsymbol{N}(s) = (\sinh(ks), \cosh(ks)), \quad \boldsymbol{T}'(s) = k(\sinh(ks), \cosh(ks)) = k\boldsymbol{N}(s)$$

より $\boldsymbol{N}(s)$ は未来的であり，$\boldsymbol{x}(s)$ の曲率は $-k$ である．

例 7.6 (対数擬螺旋) 前の例に少々，細工を施し

$$\boldsymbol{x}(u) = ae^{bu}(\cosh u, \sinh u) \tag{7.1}$$

とおく ($a > 0, b \neq 0$).

$$\left\langle \frac{\mathrm{d}\boldsymbol{x}}{\mathrm{d}u}(u), \frac{\mathrm{d}\boldsymbol{x}}{\mathrm{d}u}(u) \right\rangle = a^2 e^{2bu}(b^2 - 1)$$

より $|b| > 1$ のとき空間的曲線である．以下 $|b| > 1$ を仮定する．弧長径数は

$$s(u) = \frac{a\sqrt{b^2-1}}{b}\left(e^{bu} - 1\right).$$

で与えられる．

$$\boldsymbol{T}(s) = \frac{\mathrm{d}\boldsymbol{x}}{\mathrm{d}u}\frac{\mathrm{d}u}{\mathrm{d}s} = \frac{1}{\sqrt{b^2-1}}\begin{pmatrix} b\cosh u + \sinh u \\ b\sinh u + \cosh u \end{pmatrix},$$

$$\frac{\mathrm{d}\boldsymbol{T}}{\mathrm{d}s} = \frac{1}{ae^{bu}\sqrt{b^2-1}}\begin{pmatrix} b\sinh u + \cosh u \\ b\cosh u + \sinh u \end{pmatrix}$$

より

$$\kappa = -\frac{1}{a}e^{-bu}.$$

$\rho(s) = -1/\kappa(s)$ とおくと

$$\rho(s) = a + \frac{b}{\sqrt{b^2-1}}\,s$$

すなわち曲率の逆数が s の 1 次式．この曲線を**空間的対数擬螺旋**（spacelike logarithmic pseudo-spiral）とよぶ (図 7.2, [121]).

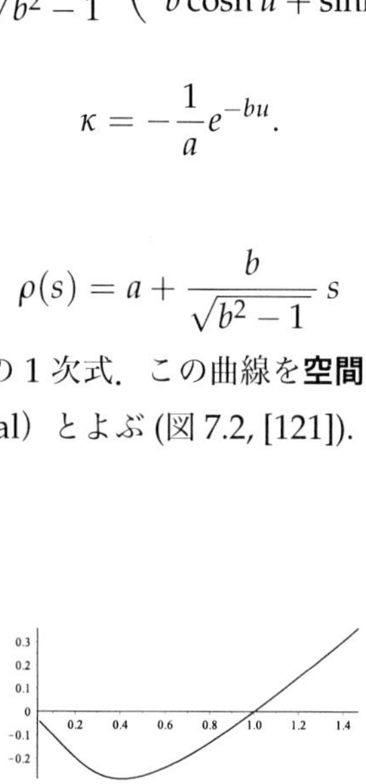

図 7.2　空間的対数擬螺旋 ($a = 1, b = \sqrt{2}, -6 \leqq s \leqq 1/4$)

7.3　時間的曲線

正則曲線 $\boldsymbol{x}(u)$ が

$$\left\langle \frac{\mathrm{d}\boldsymbol{x}}{\mathrm{d}u}(u), \frac{\mathrm{d}\boldsymbol{x}}{\mathrm{d}u}(u) \right\rangle < 0$$

をみたすとき $\boldsymbol{x}(u)$ を**時間的曲線**（timelike curve）とよびます．時間的曲線については

$$\tau(u) = \int_{u_0}^{u} \sqrt{-\left\langle \frac{\mathrm{d}\boldsymbol{x}}{\mathrm{d}u}(u), \frac{\mathrm{d}\boldsymbol{x}}{\mathrm{d}u}(u) \right\rangle}\ \mathrm{d}u$$

を径数として採用できます．この径数 τ を特殊相対性理論では**固有時間**(proper time）とよびます．以下，時間的曲線は固有時間 τ を用いて径数表示します．特殊相対性理論では固有時間を τ で表すのが標準的なのですが，幾何学では τ は空間曲線の捩率という量を表すために用いられ記号が重なってしまいます．そこでこの本では固有時間を s で表すことにします．

時間的曲線の単位接ベクトル場を

$$\boldsymbol{T}(s) = \boldsymbol{x}'(s) = \frac{\mathrm{d}\boldsymbol{x}}{\mathrm{d}s}(s)$$

で定めます．

$$\boldsymbol{T}(s) = (x_1'(s), x_2'(s))$$

と表示すると

$$x_1'(s)^2 - x_2'(s)^2 = -1$$

をみたしますから $\boldsymbol{T}(s)$ は双曲線 $\mathbb{H}^1_0(1)$ 上を動きます．$\boldsymbol{T}(s)$ は連続ですのでどちらかの葉に載っています．すなわち

- $\boldsymbol{T}(s)$ は未来的であるか
- $\boldsymbol{T}(s)$ は過去的である

のいずれかです．記述の簡略化のため，以下では「$\boldsymbol{T}(s)$ は未来的」の場合を説明します．したがって $x_2'(s) > 0$ であることに注意してください．このとき $\boldsymbol{x}(s)$ のことを**未来的時間的曲線**とよびます．空間的曲線のときをまねて単位法ベクトル場を

$$\boldsymbol{N}(s) = \widehat{J}\boldsymbol{T}(s) = \begin{pmatrix} x_2'(s) \\ x_1'(s) \end{pmatrix}$$

で定めます．

$$\langle \boldsymbol{T}(s), \boldsymbol{N}(s) \rangle = 0, \quad \langle \boldsymbol{N}(s), \boldsymbol{N}(s) \rangle = 1$$

であることを確かめてください．フレネ標構 $F(s)$ を $F(s) = (\boldsymbol{N}(s)\ \boldsymbol{T}(s))$ で定めます（順序に注意）．このように定めると $F(s)$ はブースト群 $\mathrm{SO}^+(1,1)$ に

値をもちます.

$$F(s) = \begin{pmatrix} \cosh\phi(s) & \sinh\phi(s) \\ \sinh\phi(s) & \cosh\phi(s) \end{pmatrix} = B(\phi(s))$$

と表せます. すると

$$F(s)^{-1}F'(s) = \phi'(s)\widehat{J}$$

が得られます. $\kappa(s) = \phi'(s)$ とおき時間的曲線 $\boldsymbol{x}(s)$ の**曲率**とよびます.

問題 7.2 定理 7.2 をまねて「時間的曲線の基本定理」を述べ証明を与えよ.

例 7.7 (擬円) $k \neq 0$ とし, 擬円 $x_1^2 - x_2^2 = 1/k^2$ を

$$\boldsymbol{x}(s) = (\cosh(ks)/k, \sinh(ks)/k)$$

と径数表示する. s は固有時間である.

$$\boldsymbol{T}(s) = (\sinh(ks), \cosh(ks)), \quad \boldsymbol{N}(s) = (\cosh(ks), \sinh(ks)).$$

より $\boldsymbol{T}(s)$ は未来的である.

$$\begin{aligned} \boldsymbol{T}'(s) =& k(\cosh(ks), \sinh(ks)) = k\boldsymbol{N}(s), \\ \boldsymbol{N}'(s) =& k(\sinh(ks), \cosh(ks)) = k\boldsymbol{T}(s) \end{aligned}$$

より曲率は一定の値 k である.

註 7.1 (扇度の意味) 擬円の固有時間径数表示と 1.5 節で導入した扇度の関係を考察しよう. 擬円 $x_1^2 - x_2^2 = 1$ の $x_1 > 0$ で定まる一葉を考える. p. 26 の図 1.12 を見てほしい. 線分 OE_1, E_1 と X を結ぶ擬円の一部と線分 OX で囲まれる図形の面積を S とすると扇度 σ は $\sigma = 2\mathrm{S}$ で与えられた. σ を用いるとこの一葉は $\boldsymbol{x}(\sigma) = (\cosh\sigma, \sinh\sigma)$ と表せた. この表示と例 7.7 の擬円の固有時間径数表示を比べると σ は固有時間と一致するように思える. 念のため計算で確かめておこう. 点 $\mathrm{E}_1(1,0)$ から計測した点 $\mathrm{X}(x_1, x_2)$ の固有時間 s は

$$s = \int_0^{\sigma} \sqrt{-\dot{x}_1^2(\sigma)^2 + \dot{x}_2^2(\sigma)^2}\,\mathrm{d}\sigma = \int_0^{s} \sqrt{-(\sinh\sigma)^2 + (\cos\sigma)^2}\,\mathrm{d}\sigma = \int_0^{s} \mathrm{d}\sigma = \sigma$$

と求められるので, 確かに $s = \sigma$ である. この結果から「扇度は間に合わせ的に導入されたものであって, 結局は意味のないもの」と思えるかもしれない. この疑問については 9.7 節の問題 9.3 で再度, 採り上げる.

問題 7.3 式 (7.1) で定まる正則曲線は $|b| < 1$ だと時間的曲線である．曲率を求めよ (図 7.3)．

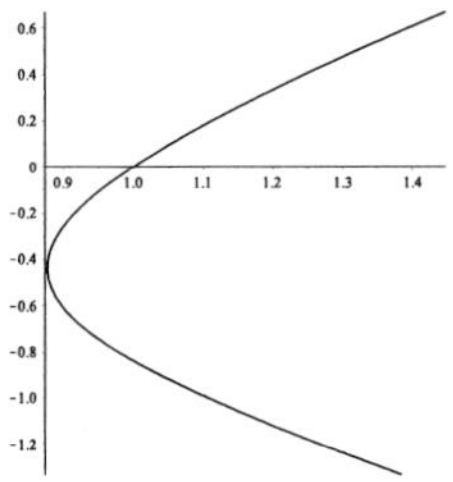

図 7.3　時間的対数擬螺旋 ($a = 1, b = 1/2, -2 \leqq s \leqq 1/2$)

時間的曲線の物理学的な意味を説明しておきます．直線上の質点の運動を考えます．質点の時刻 t における位置を $x(t)$ で表すと運動方程式は

$$m\frac{\mathrm{d}^2}{\mathrm{d}t^2}x(t) = f(x(t))$$

で与えられます．$f(x)$ は質点に働く力です．この運動を $\mathbb{L}^2$ の**図形**と解釈します．真空中の光速度が 1 となる単位系を使うことにすると光速度不変の原理より $x(t)$ の速度 $v(t)$ は $|v(t)| < 1$ をみたすことに注意しましょう．$\mathbb{L}^2$ 内の曲線 $\boldsymbol{x}(t)$ を

$$\boldsymbol{x}(t) = (x(t), t)$$

で定め，この運動が定める $\mathbb{L}^2$ 内の**世界線**（worldline）とよびます．

$$\left\langle \frac{\mathrm{d}\boldsymbol{x}}{\mathrm{d}t}(t), \frac{\mathrm{d}\boldsymbol{x}}{\mathrm{d}t}(t) \right\rangle = \left(\frac{\mathrm{d}x}{\mathrm{d}t}(t)\right)^2 - 1 = v(t)^2 - 1 < 0$$

より世界線は未来的時間的曲線です．

逆に固有時間で径数表示された未来的時間的曲線 $\boldsymbol{x}(s) = (x_1(s), x_2(s))$ に対し $x_1 = x, x_2 = t$ と書き直します．未来的という仮定から

$$\frac{\mathrm{d}t}{\mathrm{d}s} > 0$$

なので逆函数定理より $s = s(t)$ と逆に解けます．$\boldsymbol{x}(t) = (x(t), t)$ と t を径数にして書き直します. $x = x(t)$ は x_1 軸上の質点の運動と考えられます．この運動の速度 $v(t)$ は $|v(t)| < 1$ をみたしています.

例 7.8 (等速直線運動) 質点が $x = x_0$ に静止していると，世界線は時間的直線 $\boldsymbol{x}(t) = (x_0, t)$ である．等速直線運動の場合を考える．$v(t) = v_0 \neq 0$ のとき $x(t) = x_0 + tv_0$ より世界線は時間的直線 $\boldsymbol{x}(t) = (x_0, 0) + t(v_0, 1)$. 逆に世界線が時間的直線であれば質点の運動は等速直線運動（静止を含む）である.

空間的曲線と時間的曲線をまとめて述べる方法を説明しておきます．次の補題の証明は読者の課題とします.

補題 7.1 $\{\boldsymbol{u}_1, \boldsymbol{u}_2\}$ を $\mathbb{L}^2$ の広義の正規直交基底とする．すなわち

$$\langle \boldsymbol{u}_1, \boldsymbol{u}_1 \rangle = \epsilon_1 = \pm 1, \quad \langle \boldsymbol{u}_1, \boldsymbol{u}_2 \rangle = 0, \quad \langle \boldsymbol{u}_2, \boldsymbol{u}_2 \rangle = \epsilon_2 = \pm 1, \quad \epsilon_1 \epsilon_2 = -1$$

をみたすベクトルの組とすると $\mathbb{L}^2$ の各ベクトル $\boldsymbol{v}$ は

$$\boldsymbol{v} = \epsilon_1 \langle \boldsymbol{v}, \boldsymbol{u}_1 \rangle \boldsymbol{u}_1 + \epsilon_2 \langle \boldsymbol{v}, \boldsymbol{u}_2 \rangle \boldsymbol{u}_2 \tag{7.2}$$

と一意的に表示できる．式 (7.2) をベクトル $\boldsymbol{v}$ の $\{\boldsymbol{u}_1, \boldsymbol{u}_2\}$ に関する**展開**という.

$\boldsymbol{x}(s)$ を弧長径数 s で径数表示された空間的曲線または固有時間 s で径数表示された時間的曲線とします．このとき単位接ベクトル場 $\boldsymbol{T}(s)$ と単位法ベクトル場 $\boldsymbol{N}(s)$ は曲線上の各点で広義の正規直交基底を与えます．すなわち

$$\langle \boldsymbol{T}(s), \boldsymbol{T}(s) \rangle = \epsilon_{\mathsf{T}} = \pm 1, \quad \langle \boldsymbol{N}(s), \boldsymbol{N}(s) \rangle = \epsilon_{\mathsf{N}} = \pm 1, \tag{7.3}$$

$$\langle \boldsymbol{T}(s), \boldsymbol{N}(s) \rangle = 0, \quad \epsilon_{\mathsf{T}} \epsilon_{\mathsf{N}} = -1 \tag{7.4}$$

をみたしています．$\boldsymbol{T}'(s)$ と $\boldsymbol{N}'(s)$ を $\{\boldsymbol{T}(s), \boldsymbol{N}(s)\}$ で展開しましょう．式 (7.3) を s で微分することで $\langle \boldsymbol{T}', \boldsymbol{T} \rangle = \langle \boldsymbol{N}', \boldsymbol{N} \rangle = 0$ が得られます．また，式 (7.4) を s で微分することで $\langle \boldsymbol{T}', \boldsymbol{N} \rangle = -\langle \boldsymbol{T}, \boldsymbol{N}' \rangle$ が得られるので

$$\begin{aligned} T'(s) &= \epsilon_{\mathsf{N}} \langle T'(s), N(s) \rangle N(s), \\ N'(s) &= \epsilon_{\mathsf{T}} \langle N'(s), T(s) \rangle T(s) = -\epsilon_{\mathsf{T}} \langle T'(s), N(s) \rangle T(s) \end{aligned}$$

が得られます．そこで $\kappa(s) = \langle T'(s), N(s) \rangle$ とおくと

$$T'(s) = \epsilon_{\mathsf{N}} \kappa(s) N(s), \quad N'(s) = -\epsilon_{\mathsf{T}} \kappa(s) \kappa(s) T(s)$$

と書き直されますが，これは空間的曲線および時間的曲線に示した式と一致しています．

行列値函数 $\mathcal{F}(s) = (T(s)\ N(s))$ を用いるとフレネ方程式は

$$\frac{\mathrm{d}}{\mathrm{d}s} \mathcal{F}(s) = \mathcal{F}(s) \begin{pmatrix} 0 & -\epsilon_{\mathsf{T}} \kappa(s) \\ \epsilon_{\mathsf{N}} \kappa(s) & 0 \end{pmatrix}$$

と書き直せます．

7.4　光的曲線

正則曲線 $x(u) = (x_1(u), x_2(u))$ が

$$\left\langle \frac{\mathrm{d}x}{\mathrm{d}u}(u), \frac{\mathrm{d}x}{\mathrm{d}u}(u) \right\rangle = 0$$

をみたすとき $x(u)$ を**光的曲線** (lightlike curve) または**零的曲線** (null curve) とよびます．$x_1'(u)^2 - x_2'(u)^2 = 0$ ですから $x_2'(u) = \pm x_1'(u)$ となります．両辺を u で積分すると

$$x_2(u) = \pm x_1(u) + c, \quad c \in \mathbb{R}$$

ですから，これは光的直線です．

定理 7.3 $\mathbb{L}^2$ 内の光的曲線は光的直線のみである．

例 7.9 式 (7.1) で定まる正則曲線は b の値によって空間的，光的，時間的と性質が変わる．$|b| > 1$ だと例 7.6 で見たように空間的曲線であり，$|b| < 1$ だと時間的曲線である（問題 7.2）．$|b| = 1$ のときは光的である．実際 $b = 1$ のとき $x_1 - x_2 = a$, $b = -1$ のとき $x_1 + x_2 = a$ である．$\boldsymbol{x}(s)$ は光的曲線である．

7.5 曲線の滑らかな変形

平面曲線を変形すると，非線型波動との予期せぬ関連が見えてきます．この節では偏微分法を学んだ読者向けに曲線の変形を解説します（詳細には立ち入らず概要を紹介することに止めます）．

7.5.1 ユークリッド平面曲線

$\boldsymbol{x}(u)$ をユークリッド平面 $\mathbb{E}^2$ 内の正則曲線とします．u は弧長とは限らない一般の径数です．$\boldsymbol{x}(u)$ の弧長径数を s とします．$\boldsymbol{x}(u)$ を滑らかに変形します．すなわち各 (u, t) に対しベクトル $\boldsymbol{x}(u;t)$ を対応させる規則が定まっていて

- $\boldsymbol{x}(u;t)$ は u についても t についても何回でも偏微分できる，
- $\boldsymbol{x}(u;0) = \boldsymbol{x}(u)$ が成り立つ，
- t を固定したとき，$u \longmapsto \boldsymbol{x}(u;t)$ は正則曲線

というものを与えることです．この $\boldsymbol{x}(u;t)$ をもとの正則曲線の**滑らかな変形**（smooth deformation）とよびます．t を時間変数と考え，$\boldsymbol{x}(u;t)$ を $\boldsymbol{x}(u)$ の**時間発展**（time evolution）ともよびます．

各 t ごとに正則曲線が定まりますから，それぞれの弧長径数を $s(u;t)$ と表します．もとの正則曲線の弧長径数 s は $s(u;0) = s(u)$ という関係にあります．弧長径数 $s(u;t)$ が t に無関係であるような変形を考察しましょう．言い方を換えると，もとの正則曲線の弧長径数 s が $\boldsymbol{x}(u;t)$ の共通の弧長径数であるような変形です．そのような変形を**等周変形**とよびます．

以下，等周変形を考え，$\boldsymbol{x}(u;t)$ を共通の弧長径数 s と t を用いて $\boldsymbol{x}(s;t)$ と

表します．また単位接ベクトル場を $\boldsymbol{T}(s;t)$，単位法ベクトル場を $\boldsymbol{N}(s;t)$ とすると $\{\boldsymbol{T}(s;t), \boldsymbol{N}(s;t)\}$ は曲線上の各点で正規直交基底を与えているので

$$\frac{\partial}{\partial t}\boldsymbol{x} = f(s;t)\boldsymbol{T}(s;t) + g(s;t)\boldsymbol{N}(s;t)$$

と表せます．この変形が等周変形であるためには f と g がなんらかの条件をみたしているはずです．その条件を探ります．

u および t による偏微分をそれぞれ下付添字の u，t で表します．まず $\alpha = \sqrt{\boldsymbol{x}_u \cdot \boldsymbol{x}_u}$ とおくと $s_u = \alpha$ であることに注意してください．

$$\begin{aligned}\frac{\partial}{\partial t}s(u;t) &= \int_0^u \frac{\partial}{\partial t}\sqrt{\boldsymbol{x}_u \cdot \boldsymbol{x}_u}\,\mathrm{d}u = \int_0 \frac{1}{2\sqrt{\boldsymbol{x}_u \cdot \boldsymbol{x}_u}}\frac{\partial}{\partial t}\sqrt{\boldsymbol{x}_u \cdot \boldsymbol{x}_u}\,\mathrm{d}u \\ &= \int_0^u \frac{\boldsymbol{x}_u \cdot \boldsymbol{x}_{ut}}{\sqrt{\boldsymbol{x}_u \cdot \boldsymbol{x}_u}}\mathrm{d}u = \int_0^u \frac{\boldsymbol{x}_u \cdot \boldsymbol{x}_{ut}}{\alpha}\,\mathrm{d}u.\end{aligned}$$

ここで

$$\boldsymbol{x}_u = \frac{\partial \boldsymbol{x}}{\partial u} = \frac{\partial \boldsymbol{x}}{\partial s}\frac{\partial s}{\partial u} = \alpha\,\boldsymbol{T}$$

ですから

$$\boldsymbol{x}_{ut} = \frac{\partial}{\partial t}\frac{\partial \boldsymbol{x}}{\partial u} = \frac{\partial}{\partial u}\frac{\partial \boldsymbol{x}}{\partial t} = \frac{\partial}{\partial u}\left(f\boldsymbol{T} + g\boldsymbol{T}\right) = \alpha\frac{\partial}{\partial s}\left(f\boldsymbol{T} + g\boldsymbol{N}\right).$$

フレネの公式を使うと

(7.5)
$$\boldsymbol{x}_{ut} = \alpha\{(f_s - g\kappa)\boldsymbol{T} + (g_s + f\kappa)\boldsymbol{N}\}$$

が得られます．以上より $\boldsymbol{x}_u \cdot \boldsymbol{x}_{ut} = \alpha(f_s - g\kappa)$．この結果を使うと

$$\frac{\partial}{\partial t}s(u;t) = \int_0^u (f_s(s;t) - g(s;t)\,\kappa(s;t))\,\mathrm{d}u$$

が導けることから

(7.6)
$$\frac{\partial}{\partial s}f(s;t) - g(s;t)\,\kappa(s;t) = 0.$$

が求めていた条件であることがわかります．条件 (7.6) を**等周条件**とよびます．

フレネ標構 $F(s;t)$ の変化を調べます．式 (7.5) と等周条件より

$$\boldsymbol{T}_t = (\boldsymbol{x}_s)_t = (\boldsymbol{x}_t)_s = (g_s - f\,\kappa)\boldsymbol{N}$$

であり，

$$N_t = (JT)_t = JT_t = -(g_s - f\kappa)T$$

と計算されるので

$$\frac{\partial F}{\partial s} = F\begin{pmatrix} 0 & -\kappa \\ \kappa & 0 \end{pmatrix}, \quad \frac{\partial F}{\partial t} = F\begin{pmatrix} 0 & -\frac{\partial g}{\partial s} + f\kappa \\ \frac{\partial g}{\partial s} + f\kappa & 0 \end{pmatrix}$$

で与えられます．この 2 つの式が両立するための条件

$$\frac{\partial}{\partial t}\frac{\partial F}{\partial s} = \frac{\partial}{\partial s}\frac{\partial F}{\partial t}$$

を計算すると

$$\frac{\partial \kappa}{\partial t} = \frac{\partial}{\partial s}\left(\frac{\partial g}{\partial s} - f\kappa\right)$$

が得られます．等周条件 (7.7) をみたすような f と g として

$$f = -\frac{1}{2}\kappa^2, \quad g = -\frac{\partial \kappa}{\partial s}$$

を選びます（ある意味でこれは最も標準的な選び方です）．この選択の下で両立条件は

$$\frac{\partial \kappa}{\partial t} = -\frac{\partial^3 \kappa}{\partial s^3} - \frac{3}{2}\kappa^2\frac{\partial \kappa}{\partial s}$$

となります．この偏微分方程式は**変形 KdV 方程式**（mKdV equation）とよばれる非線型波動方程式です．ソリトン方程式または無限可積分系とよばれる方程式の例です．詳しくは拙著 [14] を見てください．

7.5.2 ミンコフスキー平面曲線

$\boldsymbol{x}(u)$ を $\mathbb{L}^2$ 内の空間的曲線または時間的曲線とします．u は弧長や固有時間とは限らない一般の径数です．$\boldsymbol{x}(u)$ の弧長・固有時間を s とします．この場合，滑らかな変形とは各 (u, t) に対しベクトル $\boldsymbol{x}(u; t)$ を対応させる規則が定まっていて

- $\boldsymbol{x}(u; t)$ は u についても t についても何回でも偏微分できる，

- $\boldsymbol{x}(u;0) = \boldsymbol{x}(u)$ が成り立つ,
- t を固定したとき, $u \longmapsto \boldsymbol{x}(u;t)$ はつねに空間的曲線またはつねに時間的曲線

をみたすもののことです．各 t ごとに空間的曲線または時間的曲線が定まりますから，それぞれの弧長径数・固有時間を $s(u;t)$ と表します．もとの曲線の弧長径数・固有時間 s とは $s(u;0) = s(u)$ という関係にあります．ユークリッド平面のときのように等周変形を考察します．

等周変形 $\boldsymbol{x}(u;t)$ を共通の弧長径数・固有時間 s と t を用いて $\boldsymbol{x}(s;t)$ と表します．また単位接ベクトル場を $\boldsymbol{T}(s;t)$，単位法ベクトル場を $\boldsymbol{N}(s;t)$ と表記し

$$\frac{\partial}{\partial t}\boldsymbol{x} = f(s;t)\boldsymbol{T}(s;t) + g(s;t)\boldsymbol{N}(s;t)$$

と展開します．等周条件が

$$\frac{\partial}{\partial s}f(s;t) - \epsilon_{\mathsf{T}}g(s;t)\kappa(s;t) = 0. \tag{7.7}$$

で与えられることを確かめてください．また $\mathcal{F}(s;t) = (\boldsymbol{T}(s;t)\ \boldsymbol{N}(s;t))$ の変化はそれぞれ

$$\frac{\partial \mathcal{F}}{\partial s} = \mathcal{F}\begin{pmatrix} 0 & -\epsilon_{\mathsf{T}}\kappa \\ \epsilon_{\mathsf{N}}\kappa & 0 \end{pmatrix}, \quad \frac{\partial \mathcal{F}}{\partial t} = \mathcal{F}\begin{pmatrix} 0 & \frac{\partial g}{\partial s} + \epsilon_{\mathsf{N}}f\kappa \\ \frac{\partial g}{\partial s} + \epsilon_{\mathsf{N}}f\kappa & 0 \end{pmatrix}$$

で与えられます．この 2 つの式が両立するための条件

$$\frac{\partial}{\partial t}\frac{\partial F}{\partial s} = \frac{\partial}{\partial s}\frac{\partial F}{\partial t}$$

を計算すると

$$\epsilon_{\mathsf{N}}\frac{\partial \kappa}{\partial t} = \frac{\partial}{\partial s}\left(\frac{\partial g}{\partial s} + \epsilon_{\mathsf{N}}f\kappa\right)$$

が得られます．式 (7.7) をみたすような f と g として

$$f = -\frac{1}{2}\kappa^2, \quad g = \epsilon_{\mathsf{N}}\frac{\partial \kappa}{\partial s}$$

を選びます．この選択の下で両立条件は空間的曲線，時間的曲線のどちらの場合も

$$\frac{\partial\kappa}{\partial t} = \frac{\partial^3\kappa}{\partial s^3} - \frac{3}{2}\kappa^2\frac{\partial\kappa}{\partial s}$$

となります．この偏微分方程式は**非収束型変形 KdV 方程式**（defocusing mKdV equation）とよばれる非線型波動方程式です．非収束型変形 KdV 方程式と変形 KdV 方程式は一カ所，項の符号が違うだけですが性質が著しく違います．大宮先生の本 [34] に詳しく解説されています．

朴炯基（Hyeongki Park）氏は大学院修士課程（九州大学）において，空間的曲線の等周変形を研究しました．非収束型変形 KdV 方程式の解を具体的に与え空間的曲線の連続曲線を描画しています．朴氏の研究成果は学術論文 [178] として発表されています．

註 7.2 (最後にひとこと) $\mathbb{L}^2$ 内の曲線は空間的・時間的・光的の 3 種だけではなく「これらのどれでもない曲線」が無数にあります．たとえば第 4 章で扱った放物線 $\boldsymbol{x}(u) = (u^2/4, u)$ は $u > 2, u < -2$ では空間的，$u = \pm 2$ で光的，$|u| < 2$ なら時間的と性質が変わってしまいます．

第 2 巻では 3 次元ミンコフスキー空間 $\mathbb{L}^3$ 内の図形を調べます．

8 共形変換

2 変数函数の偏微分法をすでに学んだ読者向けにユークリッド平面を複素数を使って調べる方法を解説します.

8.1 変数分離の原理

C^2 級函数に関する「変数分離の原理」からこの章は始まります.

定理 8.1 (変数分離の原理) C^2 級函数 $u : \mathbb{R}^2 \to \mathbb{R}$ が $u_{xy} = 0$ をみたすならば $\mathbb{R}$ 上の C^2 級函数 f と g で

$$u(x,y) = f(x) + g(y)$$

をみたすものが存在する.

【証明】 まず

$$\frac{\partial}{\partial y}\left(\frac{\partial u}{\partial x}\right) = 0$$

であるから u_x は y に依存しない. すなわち x だけの函数である. これを $F(x)$ と表す. $F(x) = u_x(x)$ は連続函数なので, $a \in \mathbb{R}$ を採り, 不定積分

$$f(x) = \int_a^x F(t)\,\mathrm{d}t$$

を考えることができる. すると

$$\frac{\partial}{\partial x}(u(x,y) - f(x)) = u_x(x,y) - \frac{\mathrm{d}f}{\mathrm{d}x}(x) = F(x) - F(x) = 0$$

であるから $u(x,y) - f(x)$ は y のみの函数である. そこで $g(y) = u(x,y) - f(x)$ とおけばよい. ■

8.2 ダランベールの公式

「変数分離の原理」とわざわざ名称をつけるなんて大げさだなあと感じた読者もいらっしゃるでしょう．ですが，あえて名称をつけたいという気持ちがあるのです．そのくらい，この事実は重要だと考えるからです．横道にそれますが，ソリトン方程式とよばれる非線型波動方程式は「非線型版変数分離の原理」が成り立つがゆえに厳密解が構成できるのです[*1]．この節では（線型である）1 次元波動方程式を考察します ([20] も参照).

1 次元の**波動方程式**（wave equation）とは 2 変数函数 $u(x,t)$ に関する方程式（偏微分方程式）

$$\frac{\partial^2 u}{\partial t^2} = c^2 \frac{\partial^2 u}{\partial x^2}$$

のことです．t は時間変数，x は位置変数，$c > 0$ は定数です．ここで独立変数を x と t から $\xi = x + ct, \eta = x - ct$ に変更します．(ξ,η) は**特性座標系**（characteristic coordinates）とよばれています．

$$x = \frac{\xi+\eta}{2}, \quad t = \frac{\xi-\eta}{2c}$$

と逆に解けることに注意しましょう．そこで $\xi\eta$ 平面から xt 平面への写像 $\Phi : \mathbb{R}^2(\xi,\eta) \to \mathbb{R}^2(x,t)$ を

$$\Phi(\xi,\eta) = \left(\frac{\xi+\eta}{2}, \frac{\xi-\eta}{2c}\right)$$

で定めます．Φ を用いて合成函数 $u \circ \Phi$ を作ります．$(u \circ \Phi)(\xi,\eta)$ をきちんと書くと

$$u\left(x\left(\frac{\xi+\eta}{2}, \frac{\xi-\eta}{2c}\right), y\left(\frac{\xi+\eta}{2}, \frac{\xi-\eta}{2c}\right)\right)$$

[*1] 「非線型版変数分離の原理」については [24] で解説しています．

となります，煩雑なのでこれを $u(\xi,\eta)$ と**略記**してしまいます[*2].

$$\frac{\partial u}{\partial x}=\frac{\partial u}{\partial \xi}\frac{\partial \xi}{\partial x}+\frac{\partial u}{\partial \eta}\frac{\partial \xi}{\partial x}=\frac{\partial u}{\partial \xi}+\frac{\partial u}{\partial \eta},$$
$$\frac{\partial u}{\partial t}=\frac{\partial u}{\partial \xi}\frac{\partial \xi}{\partial t}+\frac{\partial u}{\partial \eta}\frac{\partial \eta}{\partial t}=c\left(\frac{\partial u}{\partial \xi}-\frac{\partial u}{\partial \eta}\right)$$

ですから

$$\frac{\partial^2 u}{\partial x^2}=\frac{\partial^2 u}{\partial \xi^2}+2\frac{\partial^2 u}{\partial \xi\partial \eta}+\frac{\partial^2 u}{\partial \eta^2},\quad \frac{\partial^2 u}{\partial t^2}=c^2\left(\frac{\partial^2 u}{\partial \xi^2}-2\frac{\partial^2 u}{\partial \xi\partial \eta}+\frac{\partial^2 u}{\partial \eta^2}\right)$$

と計算されるので

$$c^2\frac{\partial^2 u}{\partial x^2}-\frac{\partial^2 u}{\partial t^2}=4c^2\frac{\partial^2 u}{\partial \xi\partial \eta}$$

が得られます．したがって波動方程式は $u_{\xi\eta}=0$ と書き直せました．変数分離の原理から ξ のみに依存する函数 $f(\xi)$ と η のみに依存する函数 $g(\eta)$ を用いて $u(\xi,\eta)=f(\xi)+g(\eta)$ と表せることがわかります．もとの独立変数に戻せば

$$u(x,t)=f(x+ct)+g(x-ct) \tag{8.1}$$

と表せます．$f(x+ct)$，$g(x-ct)$ も波動方程式をみたしていることに注意してください．$f(x+ct)$，$g(x-ct)$ はそれぞれ波動方程式の**左進行波解**，**右進行波解**とよばれています．

式 (8.1) を**ダランベールの公式**（d'Alembert formula）とよびます．波動方程式については次のような問題を考察することが基本的です．

波動方程式の初期値問題（コーシー問題）

$$-u_{tt}(x,t)+c^2u_{xx}(x,t)=0,\quad 0<t<+\infty,\ x\in\mathbb{R},$$
$$u(x,0)=\varphi(x)\ \text{は}\ \mathbb{R}\ \text{上で}\ C^2\ \text{級}$$
$$u_t(x,0)=\psi(x)\ \text{は}\ \mathbb{R}\ \text{上で}\ C^1\ \text{級}$$

コーシー問題の解については [20] を参照してください．

[*2] いささか乱暴な記法のようにも思えますが，物理の本ではこのような**大胆な略記**をよく行うので慣れてください．

8.3 ユークリッド平面から複素平面へ

ユークリッド平面 $\mathbb{E}^2$ を複素平面 $\mathbb{C}$ と思い直します．$\mathbb{E}^2$ の座標を (x,y) とし，$\mathbb{C}$ の複素座標を $z = x + y\mathrm{i}$ で表します．もう 1 枚，複素平面を用意し，その座標を $w = u + v\mathrm{i}$ とします（もちろんですが，もとの複素平面と同じでもよいです）．領域 $\mathcal{D} \subset \mathbb{C}$ で定義された複素函数 $w = f(z)$ を考察します．f はユークリッド平面 $\mathbb{E}^2$ 内の領域から別のユークリッド平面 $\mathbb{E}^2$ への写像なのでベクトル値函数

$$f : \mathcal{D} \subset \mathbb{E}^2(x,y) \to \mathbb{E}^2(u,v)$$

と考えることもできます．つまり

$$f(x,y) = \begin{pmatrix} u(x,y) \\ v(x,y) \end{pmatrix}$$

と考えるのです．

複素函数の微分可能性は実数値函数のときと同様に定義されます．

定義 8.1 複素函数 $f : \mathcal{D} \to \mathbb{C}$ が点 $z_0 \in \mathcal{D}$ で複素微分可能であるとは極限

$$\lim_{z \to z_0} \frac{f(z) - f(z_0)}{z - z_0}$$

が存在することをいう．この極限値を f の z_0 における**微分係数**とよぶ．$\mathcal{D}$ のすべての点で f が複素微分可能であるとき f は $\mathcal{D}$ 上の**正則函数**（holomorphic function）であるという．

複素函数論では次の事実を学びます．

定理 8.2 $f : \mathcal{D} \to \mathbb{C}$ が正則であるための必要十分条件は f が $\mathcal{D}$ で全微分可能であり，かつ**コーシー-リーマン方程式**（Cauchy-Riemann equations）

$$u_x = v_y, \quad u_y = -v_x \tag{8.2}$$

をみたすことである．

8.2 節の特性座標系をまねてみましょう．$z=x+y\mathrm{i}, \bar{z}=x-y\mathrm{i}$ から

$$x=\frac{z+\bar{z}}{2}, \quad y=\frac{z-\bar{z}}{2\mathrm{i}} \tag{8.3}$$

と解けますね．そこで $w=f(z)$ を

$$w=u(x,y)+v(x,y)\mathrm{i}=u\left(\frac{z+\bar{z}}{2},\frac{z-\bar{z}}{2\mathrm{i}}\right)+v\left(\frac{z+\bar{z}}{2},\frac{z-\bar{z}}{2\mathrm{i}}\right)$$

と書き直します．つまり x，y に (8.3) を代入します．すると $w=u+v\mathrm{i}$ は z と $\bar{z}$ を変数にもつ 2 変数函数と思い直せます．これが大切な視点です．

この観点からすると複素函数 $w=f(z)$ は $w=f(z,\bar{z})$ と表記するのが正確だということになります．この点については後ほど議論します．ここでは $w=f(z,\bar{z})$ と 2 変数に依存することを強調した表記をします．

z と $\bar{z}$ の全微分は

$$\mathrm{d}z=\mathrm{d}x+\mathrm{i}\mathrm{d}y, \ \mathrm{d}\bar{z}=\mathrm{d}x-\mathrm{i}\mathrm{d}y$$

で定義します．さて z による偏微分，$\bar{z}$ による偏微分はどう定義されるでしょうか．合成函数の偏微分法が通用するように定義しなければならないので，ちょっと試してみましょう．

$$\begin{aligned}\frac{\partial f}{\partial x}&=\frac{\partial f}{\partial z}\frac{\partial z}{\partial x}+\frac{\partial f}{\partial \bar{z}}\frac{\partial \bar{z}}{\partial x}=\frac{\partial f}{\partial z}+\frac{\partial f}{\partial \bar{z}},\\ \frac{\partial f}{\partial y}&=\frac{\partial f}{\partial z}\frac{\partial z}{\partial y}+\frac{\partial f}{\partial \bar{z}}\frac{\partial \bar{z}}{\partial y}=\mathrm{i}\left(\frac{\partial f}{\partial z}-\frac{\partial f}{\partial \bar{z}}\right)\end{aligned}$$

を $f_z, f_{\bar{z}}$ について解くと

$$f_z=\frac{\partial f}{\partial z}=\frac{1}{2}\left(\frac{\partial f}{\partial x}-\mathrm{i}\frac{\partial f}{\partial y}\right), \quad f_{\bar{z}}=\frac{\partial f}{\partial \bar{z}}=\frac{1}{2}\left(\frac{\partial f}{\partial x}+\mathrm{i}\frac{\partial f}{\partial y}\right)$$

となります．この式を以て z-偏微分と $\bar{z}$-偏微分を定義しましょう．$f(z,\bar{z})=u(x,y)+\mathrm{i}v(x,y)$ に偏微分を施すと

$$\begin{aligned}\frac{\partial f}{\partial z}&=\frac{1}{2}\left(\frac{\partial}{\partial x}-\mathrm{i}\frac{\partial}{\partial y}\right)(u+\mathrm{i}v)=\frac{1}{2}\left(\frac{\partial u}{\partial x}+\frac{\partial v}{\partial y}\right)-\mathrm{i}\left(\frac{\partial u}{\partial y}-\frac{\partial v}{\partial x}\right),\\ \frac{\partial f}{\partial \bar{z}}&=\frac{1}{2}\left(\frac{\partial}{\partial x}+\mathrm{i}\frac{\partial}{\partial y}\right)(u+\mathrm{i}v)=\frac{1}{2}\left(\frac{\partial u}{\partial x}-\frac{\partial v}{\partial y}\right)+\mathrm{i}\left(\frac{\partial u}{\partial y}+\frac{\partial v}{\partial x}\right)\end{aligned}$$

が得られます．次の事実に注目してください．

命題 8.1 全微分可能な複素函数 $f = u + v\mathtt{i}$ に対し次の 3 の条件は互いに同値である．

(1) f は $\bar{z}$ に依存しない．すなわち $f = f(z)$ と書いてよい．
(2) f は $\mathcal{D}$ で正則．
(3) $\{u, v\}$ はコーシー-リーマン方程式 $u_x = v_y$，$u_y = -v_x$ をみたす．

つまり「複素正則函数では $f(z)$ が正しいのか $f(z,\bar{z})$ が正しいのか」という表記の問題は起こらないのです．なお $f_z = 0$ をみたす f は**反正則函数**（anti holomorphic function）とよばれます．紙数の都合で詳細を述べませんが，正則函数および反正則函数をユークリッド平面での変換 $f : \mathcal{D} \subset \mathbb{E}^2 \to \mathbb{E}^2$ と思ったとき，f を**共形変換**（conformal transformation）とよびます．この名称は「角の大きさを保つ」という性質に由来します（第 9 章で解説します）．

8.4 調和方程式

$\mathbb{E}^2$ 上の偏微分方程式

$$\Delta u = \frac{\partial^2 u}{\partial x} + \frac{\partial^2 u}{\partial y^2} = 0$$

を**調和方程式**とか**ラプラス方程式**（Laplace equation）とよびます．ラプラス方程式の解を**調和函数**（harmonic function）とよびます．

ラプラス方程式についてもダランベールの公式のような公式を作れるでしょうか．うまい変数分離ができるでしょうか．この疑問に答えるためにはいったん問題を**複素化**します．すなわち u を複素数値まで拡げておくのです．$u : \mathcal{D} \subset \mathbb{C} \to \mathbb{C}$ に対し

$$\frac{\partial}{\partial \bar{z}}\frac{\partial u}{\partial z} = \frac{\partial}{\partial z}\frac{\partial u}{\partial \bar{z}} = \frac{1}{4}\Delta u$$

が成り立つことを確かめてください．$u_{z\bar{z}} = 0$ ですから変数分離ができます．すなわち z だけに依存する函数 $f(z)$，すなわち正則函数 $f(z)$ と $\bar{z}$ だけに依存

する函数 $g(\bar{z})$，すなわち反正則函数 $g(\bar{z})$ を用いて $2u(z,\bar{z}) = f(z) + g(\bar{z})$ と表せることになります．ここで $u = f + g$ でなく $2u = f + g$ としているのは，見栄えを整える都合です．さて $f = u_1 + v_1\mathtt{i}, g = u_2 + v_2\mathtt{i}$ と表します．すると

$$(u_1)_x = (v_1)_y, \quad (u_1)_y = -(v_1)_x,$$

$$(u_2)_x = -(v_2)_y, \quad (u_2)_y = (v_2)_x$$

をみたします．ところで，もともと我々が探しもとめていたものはラプラス方程式の解なので u が実数値函数でないと困ります．

$$2u = f + g = u_1 + v_1\mathtt{i} + u_2 + v_2\mathtt{i}$$

より u が実数値であるためには

$$v_2 = -v_1$$

でなければいけません．すると

$$f(z) = u_1(x,y) + \mathtt{i}v_1(x,y), \quad g(\bar{z}) = u_2(x,y) - \mathtt{i}v_1(x,y)$$

であり

$$(u_2)_x = (v_1)_y = (u_1)_x, \quad (u_2)_y = -(v_1)_x = (u_1)_y$$

となるので $u_2 = u_1 + c$ (c は実数の定数) となります．ということは

$$g(\bar{z}) = \overline{f(z)} + c$$

です．そこで f と g を

$$g(\bar{z}) = u_1(x,y) + \frac{c}{2} - v_1(x,y)\mathtt{i}$$

と定義し直すと f は正則，g は反正則のままで $2u = f + g$ をみたしています．$2u = f + g = 2u_1 + c$ ですから結局，

$$u(x,y) = u_1(x,y) + \frac{c}{2}$$

となっています．$v(x,y) = v_1(x,y)$ と名前を変更すると

$$f(z) = u(x,y) + v(x,y)\mathtt{i}, \quad g(\bar{z}) = \overline{f(z)} = u(x,y) - v(x,y)\mathtt{i}$$

と書き直せます．ということは，求めていた調和函数 $u(x,y)$ は正則函数 $f(z)$ の実部です．

定理 8.3 正則函数 $w = f(z)$ の実部 $u = \mathrm{Re}\, f$ は調和函数である．逆に調和函数 u に対し u を実部にもつ正則函数 f が存在する．

正則函数 $f = u + v\mathtt{i}$ の虚部 $v(x,y)$ はコーシー-リーマン方程式より

$$\Delta v = (v_x)_x + (v_y)_y = -(u_y)_x + (u_x)_y = 0$$

をみたすので調和函数です．つまり正則函数 $f = u + v\mathtt{i}$ はコーシー-リーマン方程式で結びついた調和函数の組 $\{u, v\}$ なのです．見方を変えるとコーシー-リーマン方程式で結びついた調和函数を並べてできるベクトル値函数 $f(x,y) = (u(x,y), v(x,y))$ なのです．f が同じユークリッド平面の間の点対応であると考えたとき，既に触れたように f は共形変換という変換なのですが，$\mathcal{D}$ で定義されたベクトル場という解釈もできます．繰り返しになりますが，「コーシー-リーマン方程式で結びついた調和函数を並べてできるベクトル場」です．このベクトル場という解釈もとても有効です．実際，平面上の流体を扱う流体力学では，流体の速度場を（反）正則函数と捉えることで複素解析を使って研究できるのです (文献 [9], [12, 例 6.21] 参照).

8.5 作用素の因数分解

ここまでの議論を作用素（演算子）の立場から整理しましょう．波動方程式は

$$\Box = -\frac{1}{c^2}\frac{\partial^2}{\partial t^2} + \frac{\partial^2}{\partial x^2}$$

という微分作用素（ダランベール作用素）を用いて $\Box u = 0$ と表せます．変数分離ができたのはなぜかというと

$$\Box = 4\frac{\partial}{\partial \xi} \circ \frac{\partial}{\partial \eta} = 4\frac{\partial}{\partial \eta} \circ \frac{\partial}{\partial \xi}$$

と因数分解できることから左進行波 $f_\eta = 0$, 右進行波 $g_\xi = 0$ が見えてきます．

ラプラス作用素

$$\Delta = \frac{\partial^2}{\partial x^2} + \frac{\partial^2}{\partial y^2}$$

の場合は

$$\Delta = 4\frac{\partial}{\partial \bar{z}} \circ \frac{\partial}{\partial z} = \frac{\partial}{\partial z} \circ \frac{\partial}{\partial \bar{z}}$$

と因数分解したと考えるのです．$u_{z\bar{z}} = 0$ ですから変数分離ができます．

8.6 ミンコフスキー平面の函数論

ミンコフスキー平面 $\mathbb{L}^2$ の座標を (x, y) とします．$\mathbb{L}^2$ を亜複素平面（パラ複素平面）

$$\mathbb{C}' = \{\mathtt{z} = x + y\mathtt{i}' \mid x, y \in \mathbb{R}\}$$

とも考えることにします．$\mathbb{L}^2$ 上で複素正則函数に相当する函数のクラスを設定したいのですが，複素函数のときと異なり，2 種類の議論が必要になります．

- $\mathtt{f} : \mathcal{D} \subset \mathbb{C}' \to \mathbb{C}'$ に対する正則性
- $u : \mathcal{D} \subset \mathbb{L}^2 \to \mathbb{R}$ に対する正則性

ユークリッド平面におけるラプラス方程式に相当するものは波動方程式

$$\Box u = \frac{\partial^2 u}{\partial x^2} - \frac{\partial^2 u}{\partial y^2} = 0$$

です．そこで特性座標

$$\xi = x + y, \quad \eta = x - y$$

を採ります．ここで注意してほしいのは (ξ, η) は前章で登場した**光錐座標**だということです．複素正則函数をまねて次の定義を行います．

定義 8.2 時間的に向きづけられたミンコフスキー平面 $\mathbb{L}^2$ において $f_\eta = 0$ をみたす C^1 級函数 f を**ローレンツ正則函数**とよぶ．$g_\xi = 0$ をみたす C^1 級函数 g を**ローレンツ反正則函数**とよぶ．

すると波動方程式の解 $u(x, y)$ はローレンツ正則函数 $f(\xi)$ とローレンツ反正則函数 $g(\eta)$ の和 $u = f(\xi) + g(\eta)$ と表されます．

亜複素平面に値をもつ函数 $\mathtt{f}(x, y) = u(x, y) + v(x, y)\mathtt{i}'$ については複素微分をまねて

$$\frac{\mathrm{d}\mathtt{f}}{\mathrm{d}\mathtt{z}}(\mathtt{z}_0) = \lim_{\mathtt{z}\to\mathtt{z}_0} \frac{\mathtt{f}(\mathtt{z}) - \mathtt{f}(\mathtt{z}_0)}{\mathtt{z} - \mathtt{z}_0}$$

という極限を考えることができます．また註 6.4 で紹介したように亜複素微分を考えることもできます．ですが，ここではこれらの考えを押し進めることはしないのです．複素函数の場合，複素微分可能性から，その函数が何度でも複素微分可能であること，すなわち C^∞ 級であることが導かれます．さらに冪級数展開可能であることも導かれます．複素正則性はとても強力なのです．（不正確さを承知で）標語的に述べると『ラプラス作用素は楕円型微分作用素であり，楕円型微分作用素で規定される偏微分方程式の解は滑らかである』という事実（解の正則性）の帰結なのです（詳細は偏微分方程式の教科書を参照していただくしかない）．一方，ダランベール作用素は双曲型です．波動方程式は双曲型の偏微分方程式であり，解が自動的に C^∞ 級になるということは成立していないのです．そのため，亜複素数値函数に対し複素微分可能性を定義しても，とりたててメリットもないのです．ではミンコフスキー平面ではどのような写像 $\mathtt{f} : \mathcal{D} \subset \mathbb{L}^2 \to \mathbb{L}^2$ を考えるべきなのでしょうか．共形変換を $\mathbb{L}^2$ ではどう考えるべきなのでしょうか．問題点は「コーシー-リーマン方程式の $\mathbb{L}^2$ 版」を定めることに儘（つ）きます．亜複素座標

$$\mathtt{z} = x + y\mathtt{i}', \quad \check{\mathtt{z}} = x - y\mathtt{i}'$$

を使ってコーシー-リーマン方程式の $\mathbb{L}^2$ 版を探しましょう．

$$x = \frac{\mathtt{z} + \check{\mathtt{z}}}{2}, \quad y = \frac{\mathtt{z} - \check{\mathtt{z}}}{2\mathtt{i}'}$$

より，亜複素数値函数 $\mathtt{f}:\mathcal{D}\subset\mathbb{C}'\to\mathbb{C}'$ に対し

$$\begin{aligned}\frac{\partial\mathtt{f}}{\partial x}&=\frac{\partial\mathtt{f}}{\partial\mathtt{z}}\frac{\partial\mathtt{z}}{\partial x}+\frac{\partial\mathtt{f}}{\partial\check{\mathtt{z}}}\frac{\partial\check{\mathtt{z}}}{\partial x}=\frac{\partial\mathtt{f}}{\partial\mathtt{z}}+\frac{\partial\mathtt{f}}{\partial\check{\mathtt{z}}},\\ \frac{\partial\mathtt{f}}{\partial y}&=\frac{\partial\mathtt{f}}{\partial\mathtt{z}}\frac{\partial\mathtt{z}}{\partial y}+\frac{\partial\mathtt{f}}{\partial\check{\mathtt{z}}}\frac{\partial\check{\mathtt{z}}}{\partial y}=\mathtt{i}'\left(\frac{\partial\mathtt{f}}{\partial\mathtt{z}}-\frac{\partial\mathtt{f}}{\partial\check{\mathtt{z}}}\right)\end{aligned}$$

を得るので，ここから

$$\frac{\partial\mathtt{f}}{\partial\mathtt{z}}=\frac{1}{2}\left(\frac{\partial\mathtt{f}}{\partial x}+\mathtt{i}'\frac{\partial\mathtt{f}}{\partial y}\right),\quad \frac{\partial\mathtt{f}}{\partial\check{\mathtt{z}}}=\frac{1}{2}\left(\frac{\partial\mathtt{f}}{\partial x}-\mathtt{i}'\frac{\partial\mathtt{f}}{\partial y}\right)$$

が導かれます．$\partial_{\mathtt{z}}$ と ∂_{ζ}，$\partial_{\check{\mathtt{z}}}$ と ∂_{η} の類似性に注意してください．$\mathtt{f}=u+v\mathtt{i}'$ に対し z-偏微分と ž-偏微分を施すと

$$\begin{aligned}\frac{\partial\mathtt{f}}{\partial\mathtt{z}}&=\frac{1}{2}\left(\frac{\partial}{\partial x}+\mathtt{i}'\frac{\partial}{\partial y}\right)(u+\mathtt{i}'v)=\frac{1}{2}\left(\frac{\partial u}{\partial x}+\frac{\partial v}{\partial y}\right)+\mathtt{i}'\left(\frac{\partial u}{\partial y}+\frac{\partial v}{\partial x}\right),\\ \frac{\partial\mathtt{f}}{\partial\check{\mathtt{z}}}&=\frac{1}{2}\left(\frac{\partial}{\partial x}-\mathtt{i}'\frac{\partial}{\partial y}\right)(u+\mathtt{i}'v)=\frac{1}{2}\left(\frac{\partial u}{\partial x}-\frac{\partial v}{\partial y}\right)-\mathtt{i}'\left(\frac{\partial u}{\partial y}-\frac{\partial v}{\partial x}\right)\end{aligned}$$

が得られます．そこで次の定義を行います．

定義 8.3 C^{∞} 級函数 $u,v:\mathcal{D}\subset\mathbb{L}^2\to\mathbb{R}$ を並べてできる亜複素数函数 $\mathtt{f}=u+v\mathtt{i}':\mathcal{D}\subset\mathbb{C}'\to\mathbb{C}'$ が**パラ コーシー-リーマン方程式**

$$\frac{\partial u}{\partial x}=\frac{\partial v}{\partial y},\quad \frac{\partial u}{\partial y}=\frac{\partial v}{\partial x} \tag{8.4}$$

をみたすとき**パラ正則函数**（para-holomorphic function）とよぶ．

$$\frac{\partial u}{\partial x}=-\frac{\partial v}{\partial y},\quad \frac{\partial u}{\partial y}=-\frac{\partial v}{\partial x} \tag{8.5}$$

をみたすとき**パラ反正則函数**（anti para-holomorphic function）とよぶ．

$$\mathtt{f}\text{ がパラ正則} \iff \mathtt{f}_{\check{\mathtt{z}}}=0,\quad \mathtt{f}\text{ がパラ反正則} \iff \mathtt{f}_{\mathtt{z}}=0$$

であることに注意してください．

この定義を行うには u,v が C^1 級（より弱く，偏微分可能でもよい）であれば充分ですが，複素正則函数と異なり u と v の滑らかさが導かれないため，微

分幾何学や物理学（相対性理論）を考察するには条件が**弱すぎ**ます．そこで u と v が C^∞ 級であることを要請しているのです．

ここまで亜複素数を使ってきましたが，亜複素数を使わずに**光錐座標だけ**で話を進めてみましょう．C^∞ 級函数 $\mathtt{f} = u + v\mathtt{i}' : \mathcal{D} \subset \mathbb{C}' \to \mathbb{C}'$ を変換 $f(x,y) = (u(x,y), v(x,y)) : \mathcal{D} \subset \mathbb{L}^2 \to \mathbb{L}^2$ と考えます．定義域の光錐座標を (ξ, η)，値域の $\mathbb{L}^2$ の光錐座標を (X, Y) とすると

$$\frac{\partial u}{\partial \xi} = \frac{1}{2}\left(\frac{\partial u}{\partial x} + \frac{\partial u}{\partial y}\right), \quad \frac{\partial u}{\partial \eta} = \frac{1}{2}\left(\frac{\partial u}{\partial x} - \frac{\partial u}{\partial y}\right)$$

より

$$\begin{aligned}
\frac{\partial X}{\partial \xi} &= \frac{\partial}{\partial \xi}(u+v) = \frac{1}{2}\left(\frac{\partial u}{\partial x} + \frac{\partial v}{\partial y}\right) + \frac{1}{2}\left(\frac{\partial v}{\partial x} + \frac{\partial u}{\partial y}\right), \\
\frac{\partial X}{\partial \eta} &= \frac{\partial}{\partial \eta}(u+v) = \frac{1}{2}\left(\frac{\partial u}{\partial x} - \frac{\partial v}{\partial y}\right) + \frac{1}{2}\left(\frac{\partial v}{\partial x} - \frac{\partial u}{\partial y}\right), \\
\frac{\partial Y}{\partial \xi} &= \frac{\partial}{\partial \xi}(u-v) = \frac{1}{2}\left(\frac{\partial u}{\partial x} - \frac{\partial v}{\partial y}\right) + \frac{1}{2}\left(\frac{\partial v}{\partial x} - \frac{\partial u}{\partial y}\right), \\
\frac{\partial Y}{\partial \eta} &= \frac{\partial}{\partial \eta}(u-v) = \frac{1}{2}\left(\frac{\partial u}{\partial x} + \frac{\partial v}{\partial y}\right) - \frac{1}{2}\left(\frac{\partial v}{\partial x} + \frac{\partial u}{\partial y}\right)
\end{aligned}$$

ですから

$$\mathtt{f}\text{ がパラ正則} \iff \frac{\partial X}{\partial \xi} = \frac{\partial Y}{\partial \eta} = 0, \quad \mathtt{f}\text{ がパラ反正則} \iff \frac{\partial Y}{\partial \xi} = \frac{\partial X}{\partial \eta} = 0.$$

ということは定義域，値域の $\mathbb{L}^2$ をともに光錐座標で表示し，$f(x,y) = (u(x,y), v(x,y))$ を

$$f : \mathcal{D} \subset \mathbb{L}^2(\xi,\eta) \to \mathbb{L}^2(X,Y); \quad f(\xi,\eta) = \begin{pmatrix} X(\xi,\eta) \\ Y(\xi,\eta) \end{pmatrix}$$

と表示し直せば

$$\mathtt{f}\text{ がパラ正則} \iff \begin{cases} X \text{ はローレンツ正則で} \\ Y \text{ はローレンツ反正則} \end{cases}$$

$$\mathrm{f}\ \text{がパラ反正則} \iff \begin{cases} X\ \text{はローレンツ反正則で} \\ Y\ \text{はローレンツ正則} \end{cases}$$

と言い直すことができます．

以上，長い道のりでしたが $\mathbb{L}^2$ の共形変換を定義して，この章を終えましょう．

定義 8.4 (暫定的定義) C^∞ 級写像

$$f(x,y) = \begin{pmatrix} u(x,y) \\ v(x,y) \end{pmatrix} : \mathcal{D} \subset \mathbb{L}^2 \to \mathbb{L}^2$$

が (8.4) または (8.5) をみたすとき f を**共形変換**（conformal transformation）とよぶ．

命題 8.2 (言い換え) 光錐座標で表示されたミンコフスキー平面 $\mathbb{L}^2(\xi,\eta)$ と $\mathbb{L}^2(X,Y)$ において C^∞ 級写像

$$f(\xi,\eta) = \begin{pmatrix} X(\xi,\eta) \\ Y(\xi,\eta) \end{pmatrix} : \mathcal{D} \subset \mathbb{L}^2(\xi,\eta) \to \mathbb{L}^2(X,Y)$$

が共形変換であるための条件は

- X はローレンツ正則で Y はローレンツ反正則，または
- X はローレンツ反正則で Y はローレンツ正則

であること．

光錐座標が役立ちそうだと感じていただけたでしょうか．だいぶ先のことになりますが，第 3 巻において $\mathbb{L}^2$ の共形変換は時間的曲面の研究で活躍します．

【研究課題】 $\mathbb{L}^2$ の共形変換について，詳しく学びましょう[*3]．

[*3] B. A. Shipmana, P. D. Shipman, S. P. Shipman, Lorentz-conformal transformations in the plane, Expo. Math. **35** (2017), no. 1, 54–85. **OA** を参照．

9 角と面積

第 8 章で共形変換について説明しました．この章では共形変換の名称の由来を説明します．

9.1 相似変換

ユークリッド平面 $\mathbb{E}^2$ の 2 本のベクトル $\boldsymbol{v} \neq \boldsymbol{0}$ と $\boldsymbol{w} \neq \boldsymbol{0}$ のなす角を $\angle(\boldsymbol{v}, \boldsymbol{w})$ で表します．

$$\cos\angle(\boldsymbol{v}, \boldsymbol{w}) = \frac{\boldsymbol{v}\cdot\boldsymbol{w}}{\|\boldsymbol{v}\|\,\|\boldsymbol{w}\|} \tag{9.1}$$

ベクトルのなす角に向きをつけます．どちらから測ったのかを考慮に入れます．$\boldsymbol{v}$ から $\boldsymbol{w}$ に向けて測った角（有向角）を $\measuredangle(\boldsymbol{v}, \boldsymbol{w})$ で表します．$\measuredangle(\boldsymbol{v}, \boldsymbol{w}) = -\measuredangle(\boldsymbol{w}, \boldsymbol{v})$ に注意してください．

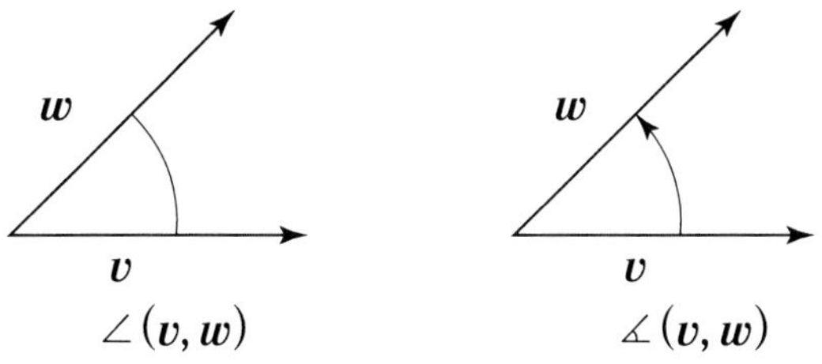

図 9.1　ベクトルのなす角・有向角

$\mathbb{E}^2$ 上の変換 f が**相似変換**（similarity transformation）であるとは $r > 0$ が存在して，すべての 2 点 $\mathrm{P}_1, \mathrm{P}_2$ に対し

$$\mathrm{d}(f(\mathrm{P}_1), f(\mathrm{P}_2)) = r\,\mathrm{d}(\mathrm{P}_1, \mathrm{P}_2) \tag{9.2}$$

をみたすことを言います．$r = 1$ のときは合同変換ですね．合同変換のとき (定理 5.1) と同様に次が示せます．

命題 9.1 相似変換 f が原点 O を動かさなければ，f は 1 次変換である．

一般の相似変換 f については $f(\mathrm{O}) = \mathrm{B}$ とおき，この点の位置ベクトルを $\boldsymbol{b}$ とすれば，なにかある 2 次正方行列 A を用いて

$$f(\boldsymbol{p}) = A\boldsymbol{p} + \boldsymbol{b}$$

と表せます．ゆえに相似変換である 1 次変換を分類すれば，相似変換の分類が完了します．

2 次行列 A による 1 次変換 f_A が (9.2) をみたすための条件を探ります．2 点 P_1，$\mathrm{P}_2 \in \mathbb{E}^2$ の位置ベクトル $\boldsymbol{p}_1$，$\boldsymbol{p}_2$ に対し

$$\begin{aligned} \mathrm{d}(f_A(\mathrm{P}_1), f_A(\mathrm{P}_2))^2 &= \|A\boldsymbol{p}_1 - A\boldsymbol{p}_2\|^2 \\ &= (A(\boldsymbol{p}_1 - \boldsymbol{p}_2)) \cdot (A(\boldsymbol{p}_1 - \boldsymbol{p}_2)) \\ &= (\boldsymbol{p}_1 - \boldsymbol{p}_2) \cdot (({}^tAA)(\boldsymbol{p}_1 - \boldsymbol{p}_2)). \end{aligned}$$

一方，

$$\{r\,\mathrm{d}(\mathrm{P}_1, \mathrm{P}_2)\}^2 = r^2(\boldsymbol{p}_1 - \boldsymbol{p}_2) \cdot (\boldsymbol{p}_1 - \boldsymbol{p}_2) = (\boldsymbol{p}_1 - \boldsymbol{p}_2) \cdot \left(r^2E(\boldsymbol{p}_1 - \boldsymbol{p}_2)\right)$$

であるから，

$$f_A \text{ が相似変換} \iff {}^tAA = r^2E.$$

そこで

$$\mathrm{CO}(2) = \left\{A \in \mathrm{M}_2\mathbb{R} \mid {}^tAA = r^2E,\ r > 0\right\}$$

とおきます．${}^tAA = r^2E$ より ${}^t(A/r)(A/r) = E$ ですから A/r は直交行列です．したがって

$$\mathrm{CO}(2) = \{rU \mid r > 0,\ U \in \mathrm{O}(2)\}$$

と表せます．

第 5 章で 2 次直交群 O(2) は $\mathrm{O}(2) = \mathrm{SO}(2) \cup \mathrm{O}^-(2)$ と分解できることを解説しました．とくに

$$\mathrm{SO}(2) = \{R(\theta) \mid 0 \leqq \theta < 2\pi\}, \quad \mathrm{O}^-(2) = \{S(\theta) \mid 0 \leqq \theta < 2\pi\}$$

であり，$R(\theta)$ は回転行列，$S(\theta)$ は原点を通る直線を軸とする線対称移動です．すなわち

$$R(\theta) = \begin{pmatrix} \cos\theta & -\sin\theta \\ \sin\theta & \cos\theta \end{pmatrix}, \quad S(\theta) = \begin{pmatrix} \cos\theta & \sin\theta \\ \sin\theta & -\cos\theta \end{pmatrix}.$$

ここで

$$S(0) = \begin{pmatrix} 1 & 0 \\ 0 & -1 \end{pmatrix} = \mathcal{E}, \quad S(\pi) = -\mathcal{E}, \quad S(\pi/2) = \widehat{J}$$

であり

$$S(\theta) = R(\theta)\mathcal{E} = \mathcal{E}R(-\theta) = S(\pi)S(0)R(\theta+\pi) = -\mathcal{E}R(\theta+\pi) \tag{9.3}$$

が成り立つことを注意しておきます[*1]．この関係式から

$$\mathrm{O}(2) = \mathrm{SO}(2) \cup \mathrm{SO}(2) \cdot \mathcal{E} \tag{9.4}$$

と書き直せることを注意しておきます．ここで $\mathrm{SO}(2) \cdot \mathcal{E}$ は

$$\mathrm{SO}(2) \cdot \mathcal{E} = \{R(\theta)\mathcal{E} \mid R(\theta) \in \mathrm{SO}(2)\}$$

を意味します．等式 (9.3) より

$$\begin{aligned} \mathrm{O}^-(2) &= \{\mathcal{E}R(-\theta) \mid R(\theta) \in \mathrm{SO}(2)\} = \{\mathcal{E}R(\theta) \mid R(\theta) \in \mathrm{SO}(2)\} \\ &= \mathcal{E} \cdot \mathrm{SO}(2) \end{aligned}$$

と書き換えられます．さらに

[*1] p. 75，問題 5.1 の直前に登場しています．また 5.3 節でも活用しています．

$$\begin{aligned}\mathrm{SO}(2) &= \{\cos\theta R(0) + \sin\theta R(\pi/2) \mid 0 \leqq \theta < 2\pi\},\\ \mathrm{O}^-(2) &= \{\cos\theta S(0) + \sin\theta S(\pi/2) \mid 0 \leqq \theta < 2\pi\}\end{aligned}$$

と書き直せることを注意しておきます．以上の観察より CO(2) は

$$\begin{aligned}\mathrm{CO}(2) &= \mathrm{CO}^+(2) \cup \mathrm{CO}^-(2),\\ \mathrm{CO}^+(2) &= \{rR(\theta) \mid 0 \leqq \theta < 2\pi,\ r > 0\},\\ \mathrm{CO}^-(2) &= \{rS(\theta) \mid 0 \leqq \theta < 2\pi,\ r > 0\} = \mathcal{E} \cdot \mathrm{CO}^+(2) = \mathrm{CO}^+(2) \cdot \mathcal{E}\end{aligned}$$

と表せます．次の命題が大切な役割をします．

命題 9.2 2 次行列

$$A = \begin{pmatrix} a_{11} & a_{12} \\ a_{21} & a_{22} \end{pmatrix}$$

が CO(2) の要素であるための必要十分条件は

$$a_{11} = a_{22} \text{ かつ } a_{12} = -a_{21} \tag{9.5}$$

または

$$a_{11} = -a_{22} \text{ かつ } a_{12} = a_{21} \tag{9.6}$$

である．

相似変換の全体 Sim(2) も群になり

$$\mathrm{Sim}(2) = \mathrm{CO}(2) \ltimes \mathbb{R}^2$$

と表されます．

$A \in \mathrm{CO}(2)$ とすると $A = rU,\ U \in \mathrm{O}(2)$ であるから

$$\cos\angle(A\boldsymbol{v}, A\boldsymbol{w}) = \frac{(rU\boldsymbol{v}) \cdot (rU\boldsymbol{w})}{\|rU\boldsymbol{v}\|\,\|rU\boldsymbol{w}\|} = \frac{\boldsymbol{v} \cdot \boldsymbol{w}}{\|\boldsymbol{v}\|\,\|\boldsymbol{w}\|} = \cos\angle(\boldsymbol{v}, \boldsymbol{w})$$

となり，角を保つことがわかります．逆に，角を保てば $A \in \mathrm{CO}(2)$ です．

問題 9.1 $A \in \mathrm{M}_2\mathbb{R}$ の定める 1 次変換 f_A が，すべての $\boldsymbol{v} \neq \mathbf{0}, \boldsymbol{w} \neq \mathbf{0}$ に対し

$$\angle(f_A(\boldsymbol{v}), f_A(\boldsymbol{w})) = \angle(\boldsymbol{v}, \boldsymbol{w})$$

をみたせば $A \in \mathrm{CO}(2)$ であることを示せ．

9.2 ユークリッド平面内の曲線のなす角

$\mathcal{D} \subset \mathbb{E}^2$ をユークリッド平面 $\mathbb{E}^2$ 内の領域とします．点 $\mathrm{A} \in \mathcal{D}$ で交わる $\mathcal{D}$ 内の正則な径数付曲線 $\boldsymbol{p}_1$ と $\boldsymbol{p}_2$ において A における $\boldsymbol{p}_1$，$\boldsymbol{p}_2$ の接ベクトルをそれぞれ $\boldsymbol{v}_1$，$\boldsymbol{v}_2$ とします．このとき

$$\angle_{\boldsymbol{a}}(\boldsymbol{p}_1, \boldsymbol{p}_2) = \angle(\boldsymbol{v}_1, \boldsymbol{v}_2), \quad \measuredangle_{\boldsymbol{a}}(\boldsymbol{p}_1, \boldsymbol{p}_2) = \measuredangle(\boldsymbol{v}_1, \boldsymbol{v}_2)$$

と定め，それぞれを A における $\boldsymbol{p}_1$ と $\boldsymbol{p}_2$ のなす**角**，$\boldsymbol{p}_1$ と $\boldsymbol{p}_2$ のなす**有向角**とよびます．

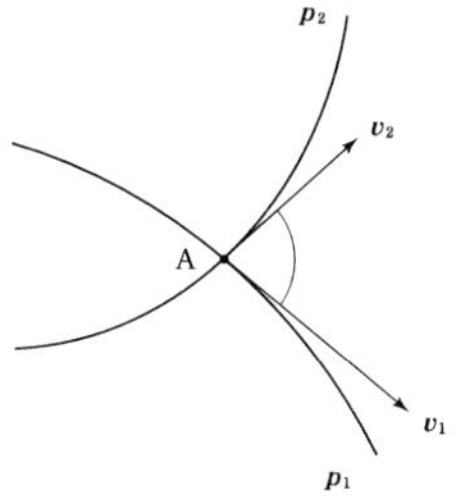

図 9.2　曲線のなす角

$\mathcal{D}$ で定義された写像 $f : \mathcal{D} \to \mathbb{E}^2$ を考えます．

定義 9.1 $f : \mathcal{D} \to \mathbb{E}^2$ が点 $\mathrm{A} \in \mathcal{D}$ を通る任意の 2 本の径数付曲線 $\boldsymbol{p}_1$ と $\boldsymbol{p}_2$ に対し，

$$\angle_{\mathrm{A}}(f(\boldsymbol{p}_1), f(\boldsymbol{p}_2)) = \angle_{\mathrm{A}}(\boldsymbol{p}_1, \boldsymbol{p}_2)$$

をみたすとき f は点 A において**共形**（conformal）であるという．とくに向きも保つとき，すなわち

$$\measuredangle_{\mathrm{A}}(f(\boldsymbol{p}_1), f(\boldsymbol{p}_2)) = \measuredangle_{\mathrm{A}}(\boldsymbol{p}_1, \boldsymbol{p}_2)$$

であるとき f は A において**等角**であるという．$\mathcal{D}$ のすべての点で共形〔等角〕であるとき f は $\mathcal{D}$ 上で共形〔等角〕であるという．

相似変換 $f \in \mathrm{Sim}(2)$ は明らかに共形変換です（角は相似不変量）.

写像 $f : \mathcal{D} \to \mathbb{E}^2$ を

$$f(x,y) = (u(x,y), v(x,y))$$

と表し，f が共形であるための条件を求めましょう．正則な径数付曲線 $\boldsymbol{p}(t) = (x(t), y(t))$ に対し

$$\begin{aligned}\frac{\mathrm{d}}{\mathrm{d}t} f(\boldsymbol{p}(t)) =& \frac{\mathrm{d}}{\mathrm{d}t}\begin{pmatrix} u(x(t),y(t)) \\ v(x(t),y(t)) \end{pmatrix} \\ =& \begin{pmatrix} u_x(x(t),y(t))\dot{x}(t) + u_y(x(t),y(t))\dot{y}(t) \\ v_x(x(t),y(t))\dot{x}(t) + v_y(x(t),y(t))\dot{y}(t) \end{pmatrix} \\ =& \begin{pmatrix} u_x(x(t),y(t)) & u_y(x(t),y(t)) \\ v_x(x(t),y(t)) & v_y(x(t),y(t)) \end{pmatrix}\begin{pmatrix} \dot{x}(t) \\ \dot{y}(t) \end{pmatrix}\end{aligned}$$

より f が共形であるための必要十分条件は命題 9.2 から

$$u_x = v_y, \quad u_y = -v_x \text{ または } u_x = -v_y, \quad u_y = v_x$$

であることがわかります．これは複素数値函数 $f = u + v\mathtt{i}$ が正則かつ $f_z \neq 0$ または反正則かつ $f_{\bar{z}} \neq 0$ ということです．

例 9.1 (相似変換) $\mathbb{E}^2$ の相似変換

$$f\begin{pmatrix} x \\ y \end{pmatrix} = r\begin{pmatrix} \cos\theta & -\sin\theta \\ \sin\theta & \cos\theta \end{pmatrix}\begin{pmatrix} x \\ y \end{pmatrix}$$

は $z = x + y\mathtt{i}$, $c = r(\cos\theta + \sin\theta\,\mathtt{i})$ を用いると

$$f(z) = r(\cos\theta + \sin\theta\,\mathtt{i})z = cz$$

と書き直せる．これは確かに $\mathbb{C}$ 上の正則函数.

また向きを反転させる相似変換

$$f\begin{pmatrix} x \\ y \end{pmatrix} = r\begin{pmatrix} \cos\theta & \sin\theta \\ \sin\theta & -\cos\theta \end{pmatrix}\begin{pmatrix} x \\ y \end{pmatrix}$$

は $f(z) = c\bar{z}$ と書き直せる．これは $\mathbb{C}$ 上の反正則函数.

第 6 章で複素数の全体 $\mathbb{C}$ を行列で表すことを説明しました．例 9.1 を再考しましょう．複素数 $c = a + b\mathtt{i}$ に行列 $aE + bJ$ を対応させることにより $\mathbb{C}$ を

$$\left\{ \begin{pmatrix} a & -b \\ b & a \end{pmatrix} \middle| \; a, b \in \mathbb{R} \right\}$$

と思うことができます．例 9.1 で行ったように複素数の極表示

$$c = re^{\mathtt{i}\theta}, \quad r = \sqrt{a^2 + b^2}, \quad \tan\theta = \frac{b}{a}$$

を用いると

$$c = re^{\mathtt{i}\theta} \longmapsto \begin{pmatrix} r\cos\theta & -r\sin\theta \\ r\sin\theta & r\cos\theta \end{pmatrix} = rR(\theta)$$

と対応します．行列の指数函数を使うと $rR(\theta) = r\exp(\theta J)$ と表せることを注意しておきます．したがって $\mathbb{C}$ は

$$\{rR(\theta) \mid r \geqq 0, \ R(\theta) \in \mathrm{SO}(2)\} = \{r\exp(\theta J) \mid r \geqq 0, \ 0 \leqq \theta < 2\pi\}$$

と対応します．とくに 0 でない複素数の全体 $\mathbb{C}^\times = \{z \in \mathbb{C} \mid z \neq 0\}$ は

$$\mathrm{CO}^+(2) = \{r\exp(\theta J) \mid r > 0, \ 0 \leqq \theta < 2\pi\} = \{A \in \mathrm{CO}(2) \mid \det A > 0\}$$

と対応するのです．

註 9.1 (発展的な話題) $\mathbb{C}^\times$ を 1×1 型の複素正則行列の全体と考えて $\mathrm{GL}_1\mathbb{C}$ とも表します．等式（正確にはリー群の同型）

$$\mathrm{CO}^+(2) = \mathrm{GL}_1\mathbb{C}$$

は深い幾何学的事実を導きます．2 次元多様体 M に $\mathrm{CO}^+(2)$ から定まる構造（共形構造）と $\mathrm{GL}_1\mathbb{C}$ から定まる構造（複素構造）が一致するということです．

2 次元共形多様体 ＝ 1 次元複素多様体（リーマン面）

しかしこれは 2 次元特有の現象です．$n \geqq 2$ のとき $\mathrm{CO}^+(2n)$ と $\mathrm{GL}_n\mathbb{C}$ は同型ではないため $2n$ 次元多様体においては共形構造と複素構造は別の構造です．したがって共形幾何学（メビウス幾何学）と複素幾何学は異なる幾何学です．特殊相対性理論では 4 次元ミンコフスキー時空の共形変換も用いられることを付記しておきます．

9.3 ミンコフスキー平面の相似変換

ミンコフスキー平面では $\mathbb{E}^2$ の合同変換群に相当する群はポアンカレ群 $\mathrm{O}(1,1) \ltimes \mathbb{R}^2$ でした．相似変換群に相当する群を定めるにはどうしたらよいでしょうか．$A \in \mathrm{M}_2\mathbb{R}$ に対し

$$A \in \mathrm{O}(1,1) \iff \text{すべての}\ \boldsymbol{x}, \boldsymbol{y} \in \mathbb{L}^2 \text{に対し}\ \langle A\boldsymbol{x}, A\boldsymbol{y} \rangle = \langle \boldsymbol{x}, \boldsymbol{y} \rangle$$

であったことを思い出し，また CO(2) の定義を思い出すと

$$\mathrm{CO}(1,1) = \left\{ A \in \mathrm{M}_2\mathbb{R} \mid {}^tA\mathcal{E}A = r^2\,\mathcal{E},\ r > 0 \right\}$$

と定義すれば，よさそうです．CO(1,1) が群になることを確認してください．さて $A \in \mathrm{CO}(1,1)$ に対し（CO(2) のときと同様に）${}^tA\mathcal{E}A = r^2\,\mathcal{E}$ を ${}^t(A/r)\mathcal{E}(A/r) = \mathcal{E}$ と書き直せるので

$$\mathrm{CO}(1,1) = \{ rU \mid U \in \mathrm{O}(1,1) \}$$

と表示できます．

第5章で O(1,1) を詳しく分析しました．各 $A \in \mathrm{O}(1,1)$ の行列式は ± 1 なので O(1,1) を $\mathrm{O}(1,1) = \mathrm{SO}(1,1) \cup \mathrm{O}^-(1,1)$,

$$\begin{aligned} \mathrm{SO}(1,1) &= \{ A \in \mathrm{O}(1,1) \mid \det A = 1 \} = \mathrm{SL}_2\mathbb{R} \cap \mathrm{O}(1,1), \\ \mathrm{O}^-(1,1) &= \{ A \in \mathrm{O}(1,1) \mid \det A = -1 \} \end{aligned}$$

と分解できたことを再掲しておきます．

さてここで

$$\begin{aligned} \mathrm{CO}^+(1,1) &= \{ A \in \mathrm{CO}(1,1) \mid \det A > 0 \}, \\ \mathrm{CO}^-(1,1) &= \{ A \in \mathrm{CO}(1,1) \mid \det A < 0 \} \end{aligned}$$

と定めておきます．第5章，p. 82 で与えた O(1,1) の4つの連結成分の具体的な表示を見れば次の命題が得られます（確認してください）．

命題 9.3 $\mathrm{A} = (a_{ij}) \in \mathrm{M}_2\mathbb{R}$ に対し

- $A \in \mathrm{CO}^+(1,1)$ であるための必要十分条件は

$$a_{11} = a_{22} \text{ かつ } a_{12} = a_{21}. \tag{9.7}$$

- $A \in \mathrm{CO}^-(1,1)$ であるための必要十分条件は

$$a_{11} = -a_{22} \text{ かつ } a_{12} = -a_{21} \tag{9.8}$$

である．

9.4 $\mathbb{L}^2$ の共形変換

ユークリッド平面の場合，共形変換は「曲線のなす角を保つ」という性質がありました．同様のことを $\mathbb{L}^2$ でも考えたいのですが,「曲線のなす角」を考えるのが面倒・煩雑です．そこで「曲線のなす角」を避けて話を進めます．ユークリッド平面の場合，C^1 級函数 $f : \mathcal{D} \subset \mathbb{E}^2 \to \mathbb{E}^2$ が共形であるというのは f のヤコビ行列が $\mathrm{CO}(2)$ に値をもつということです．この条件ならば，$\mathbb{L}^2$ でもまねることができます．C^∞ 級写像 f のヤコビ行列

$$(Df)(x,y) = \begin{pmatrix} u_x(x,y) & u_y(x,y) \\ v_x(x,y) & v_y(x,y) \end{pmatrix}$$

が $\mathrm{SO}(1,1)$ に値をもつための必要十分条件は，命題 9.2 より

$$u_x = v_y, \quad u_y = v_x$$

です．これはどこかで見たことがありますね．第 8 章のパラ コーシー-リーマン方程式 (8.4) です．したがって

- Df が $\mathrm{CO}^+(1,1)$ に値をもつ．
- $u + v\mathrm{i}'$ はパラ正則函数

の 2 条件は同値であることがわかりました．同様に

- Df が $\mathrm{CO}^-(1,1)$ に値をもつ.
- $u+v\mathtt{i}'$ はパラ反正則函数

の 2 条件は同値です．暫定的に行った“第 8 章の「定義 8.4」”の妥当性が示されました.

9.5 亜複素数を使ってみる

註 9.1 で $\mathrm{CO}^+(2) = \mathrm{GL}_1\mathbb{C}$ という事実を注意しました．同様の関係が $\mathrm{CO}^+(1,1)$ と $\mathbb{C}'$ の間に成立するでしょうか.

ユークリッド平面の場合

$$\mathrm{GL}_1\mathbb{C} = \{z \in \mathbb{C} \mid z \neq 0\} = \mathbb{C}^\times$$

でした．亜複素数のときはちょっと事情が違います.

$$\mathrm{GL}_1\mathbb{C}' = \left\{\mathsf{z} \in \mathbb{C}' \mid \mathsf{z}^{-1}\text{が存在する}\right\}$$

と定義されることから $\mathrm{GL}_1\mathbb{C}'$ は $\mathbb{C}' = \mathbb{L}^2$ から 0 だけでなく位置ベクトルが光的である点も除かないといけないのです．すなわち

$$\mathrm{GL}_1\mathbb{C}' = \left\{\mathsf{z} \in \mathbb{C}' \mid \mathsf{z}\check{\mathsf{z}} \neq 0\right\}$$

を考えるのです.

複素数 $a+b\mathtt{i} \in \mathbb{C}$ はユークリッド平面上の変換とみなすことができ，それは行列

$$aE+bJ = \begin{pmatrix} a & -b \\ b & a \end{pmatrix}$$

で定まる 1 次変換でした．とくに虚数単位 $\mathtt{i}$ は $\pi/2$ 回転

$$J = R(\pi/2) = \begin{pmatrix} 0 & -1 \\ 1 & 0 \end{pmatrix} \in \mathrm{SO}(2)$$

と対応しました.

一方，亜複素数（パラ複素数）$a+b\mathtt{i}'$ は行列

$$aE+b\widehat{J}=\begin{pmatrix} a & b \\ b & a \end{pmatrix}$$

で定まる $\mathbb{L}^2$ 上の 1 次変換と考えることができます．ここで $\mathbb{C}=\mathbb{E}^2$ と $\mathbb{C}'=\mathbb{L}^2$ の**違い**が見えてきます．$J\in\mathrm{SO}(2)$ であるのに対し

$$\widehat{J}=\begin{pmatrix} 0 & 1 \\ 1 & 0 \end{pmatrix}$$

はローレンツ変換ではないのです！実際，${}^t\widehat{J}\mathcal{E}\widehat{J}=-\mathcal{E}$ ですから $\widehat{J}\notin\mathrm{O}(1,1)$.

ところで $\mathrm{CO}^+(1,1)$ は

$$\mathrm{CO}^+(1,1)=\{rU\mid r>0,\ U\in\mathrm{SO}(1,1)\}$$

と表せました．E と $\widehat{J}$ を使うと $\mathrm{O}^{++}(1,1)$ と $\mathrm{O}^{+-}(1,1)$ は

$$\mathrm{O}^{++}(1,1)=\left\{(\cosh\phi)E+(\sinh\phi)\widehat{J}\ \middle|\ \phi\in\mathbb{R}\right\},$$
$$\mathrm{O}^{+-}(1,1)=\left\{-(\cosh\phi)E+(\sinh\phi)\widehat{J}\ \middle|\ \phi\in\mathbb{R}\right\}$$

と表せます．これらを併せると

$$\mathrm{SO}(1,1)=\left\{x_1E+x_2\widehat{J}\ \middle|\ x_1^2-x_2^2=1\right\}$$

と表示できますが，この事実は既に第 5 章で紹介しています．$\mathrm{SO}(1,1)$ は $\mathbb{L}^2$ 内の擬円 $x_1^2-x_2^2=1$ に対応しています．

したがって

$$\mathrm{CO}^+(1,1)=\left\{r\mathsf{z}\in\mathbb{C}'\ \middle|\ r>0,\ \mathsf{z}\check{\mathsf{z}}=1\right\}$$

と表示できます．$\mathsf{w}=r\mathsf{z}$ と書き換えれば

$$\mathrm{CO}^+(1,1)=\left\{\mathsf{w}\in\mathbb{C}'\ \middle|\ \mathsf{w}\check{\mathsf{w}}>0\right\}$$

となりますが，これはミンコフスキー平面 $\mathbb{L}^2$ で考えると

$$\left\{\boldsymbol{x}=(x_1,x_2)\in\mathbb{L}^2\ \middle|\ \langle\boldsymbol{x},\boldsymbol{x}\rangle>0\right\}$$

のことですから位置ベクトルが空間的である点の全体から原点を除いたものになっています．$\mathrm{GL}_1\mathbb{C}'$ は位置ベクトルが時間的である点も含みますから $\mathrm{CO}^+(1,1) \subset \mathrm{GL}_1\mathbb{C}'$ は，真部分集合です．$\mathrm{CO}^-(1,1)$ が時間的な領域

$$\mathrm{GL}_1\mathbb{C}'_{\mathtt{Time}} = \{\mathtt{z} \in \mathbb{C}' \mid \mathtt{z}\check{\mathtt{z}} < 0\}$$

に対応するのでは？　そう期待した読者もいるかもしれません．残念ながらそのようにはなっていません．状況は $\mathrm{CO}(2)$ のときと似ています．$\mathrm{CO}^+(2) = \mathrm{GL}_1\mathbb{C} = \mathbb{C}^\times$ であるのに対し $\mathrm{CO}^-(2)$ は $\mathbb{C}'$ には含まれないのです．この事実と同様に $\mathrm{CO}^-(1,1)$ は $\mathbb{C}'$ には含まれないのです．実際

$$\begin{aligned}\mathrm{O}^{-+}(1,1) =& \{(\cosh\phi)\mathcal{E} + (\sinh\phi)J \mid \phi \in \mathbb{R}\},\\ \mathrm{O}^{--}(1,1) =& \{-(\cosh\phi)\mathcal{E} + (\sinh\phi)J \mid \phi \in \mathbb{R}\}\end{aligned}$$

と表され，$\mathbb{C}'$ には含まれていません．ここで次の大事な事実を述べます．

命題 9.4

$$\mathrm{O}(2) \cap \mathrm{O}(1,1) = \{R(0), R(\pi), S(0), S(\pi)\}.$$

これは**クラインの四元群**（Klein four group）とよばれる群である．

$\mathtt{z} = x + y\mathtt{i}' \in \mathrm{GL}_1\mathbb{C}'_{\mathtt{Time}}$ において $\mathtt{z}$ が**未来的**，すなわち $y = \mathrm{Im}\,\mathtt{z} > 0$ のとき $y = r\cosh\sigma$, $x = r\sinh\sigma$ $(r > 0)$ と表せますので $\mathtt{z} = r(\sinh\sigma + \mathtt{i}'\cosh\sigma)$.

$$1 \longmapsto E, \quad \mathtt{i}' \longmapsto \widehat{J}$$

と対応させると

$$\mathtt{z} = \mathtt{i}'\{r(\sinh\sigma + \mathtt{i}'\cosh\sigma)\} = \mathtt{i}'\left\{r(\cosh\sigma + \mathtt{i}'\sinh\sigma)\right\}$$

より $\mathtt{z} \longmapsto r\widehat{J}B(\sigma)$ に対応します．同様に過去的な点 $\mathtt{z}$ は $\mathtt{z} = r(\sinh\sigma - \mathtt{i}'\cosh\sigma)$ と表示でき，行列 $-r\widehat{J}B(-\sigma)$ に対応します．$\mathrm{O}^{++}(1,1) = \{B(\sigma) \mid \sigma \in \mathbb{R}\}$ であったことより

$$\mathrm{GL}_1\mathbb{C}'_{\mathtt{Time}} = \widehat{J} \cdot \mathrm{CO}^+(1,1)$$

がわかりました．以上より

$$\mathrm{GL}_1\mathbb{C}' = \mathrm{CO}^+(1,1) \cup \widehat{J} \cdot \mathrm{CO}^+(1,1)$$

が得られました．ところで $\widehat{J}$ は点 (x_1, x_2) を点 (x_2, x_1) に写します．ということは**空間座標と時間座標を入れ替える**変換です．

ユークリッド平面に共形構造を与えることは複素構造を与えることと同義でした．ミンコフスキー平面に $\mathrm{GL}_1\mathbb{C}$ で定まる構造を与えるということは**空間と時間を入れ替えることを許容する**ことになります．$\mathrm{GL}_1\mathbb{C}' = \mathrm{CO}^+(1,1) \cup \widehat{J} \cdot \mathrm{CO}^+(1,1)$ は物理学的にはどういう意味や役割があるのでしょうか．

さて $E, \widehat{J}, J, \mathcal{E}$ を用いて

$$\left\{x_0 E + x_1 \widehat{J} + x_2 J + x_3 \mathcal{E} \mid x_0, x_1, x_2, x_3 \in \mathbb{R}\right\}$$

とおくと，これは $\mathrm{M}_2\mathbb{R}$ と一致していることを確認してください（文字の並びに乱れを感じてしまいますが）．$\mathrm{CO}(1,1)$ と $\mathrm{CO}(2)$ は当然ですが $\mathrm{M}_2\mathbb{R}$ に含まれています．

ここで線型代数学（線型空間，ベクトル空間）について学んだ読者向けの補足説明をしておきます．

定義 9.2 $1, \mathtt{i}', \mathtt{j}, \grave{\mathtt{k}}$ を基底とする 4 次元の実線型空間

$$\mathbf{H}'' = \{x_0 1 + x_1 \mathtt{i}' + x_2 \mathtt{j} + x_3 \grave{\mathtt{k}} \mid x_0, x_1, x_2, x_3 \in \mathbb{R}\}$$

に乗法を次の規則で定める．$\mathbf{H}''$ の元を**亜四元数**とか**パラ四元数**（para-quaternion）とか**スプリット四元数**（split-quaternion）とよぶ[*2]．

- 1 はすべての元と可換．
- $(\mathtt{i}')^2 = \grave{\mathtt{k}}^2 = 1,\ \mathtt{j}^2 = -1$
- $\mathtt{i}', \mathtt{j}, \grave{\mathtt{k}}$ 相互の積は

$$\mathtt{i}'\mathtt{j} = -\mathtt{j}\mathtt{i}' = \grave{\mathtt{k}},\ \ \mathtt{j}\grave{\mathtt{k}} = -\grave{\mathtt{k}}\mathtt{j} = \mathtt{i}',\ \ \grave{\mathtt{k}}\mathtt{i}' = -\grave{\mathtt{k}}\mathtt{i}' = -\mathtt{j}.$$

[*2] 横田先生の本 [86] では，$\mathbf{H}''$ は $\mathbf{H}'$ と記されています．

さて

$$1 \longleftrightarrow E, \quad \mathtt{i}' \longleftrightarrow \widehat{J}, \quad \mathtt{j} \longleftrightarrow J, \quad \grave{\mathtt{k}} \longleftrightarrow \mathcal{E}$$

は $\mathbf{H}''$ と $\mathrm{M}_2\mathbb{R}$ の間の線型同型であり，かつ乗法を保ちます（積について準同型）．したがって $\mathbf{H}''$ を $\mathrm{M}_2\mathbb{R}$ と同じものと思うことにしましょう（同一視する）．

以上のことから CO(2) および CO(1,1) は亜四元数の全体 $\mathbf{H}''$ に含まれていると考えてよいことが判明しました．これらの群は“4 次元の数”である亜四元数に由来するということなのでしょうか．この“4 次元の数”は相対性理論にも影響するのでしょうか．

9.6 アフィン変換の観点から

ユークリッド平面 $\mathbb{E}^2$ の合同変換群は $\mathrm{E}(2) = \mathrm{O}(2) \ltimes \mathbb{R}^2$，ミンコフスキー平面 $\mathbb{L}^2$ のポアンカレ群は $\mathrm{E}(1,1) = \mathrm{O}(1,1) \ltimes \mathbb{R}^2$ で与えられました．どちらも正則アフィン変換群 $\mathrm{GA}(2) = \mathrm{GL}_2\mathbb{R} \ltimes \mathbb{R}^2$ の部分群です．そこで E(2) と E(1,1) の両方を含む GA(2) の部分群

$$\mathrm{EA}(2) = \{(A, \boldsymbol{b}) \in \mathrm{GA}(2) \mid \det A = \pm 1\}$$

を考えます．この群については次節で詳しく説明します．

空間座標と時間座標を入れ替える 1 次変換を定める行列 $\widehat{J}$ は O(1,1) の要素でなく，$\widehat{J} = S(\pi/2)$ より回転群 SO(2) の要素でもありません．$\widehat{J}$ は，すべての $\boldsymbol{x}$，$\boldsymbol{y} \in \mathbb{L}^2$ に対し

$$\left\langle \widehat{J}\boldsymbol{x}, \widehat{J}\boldsymbol{y} \right\rangle = -\langle \boldsymbol{x}, \boldsymbol{y} \rangle \tag{9.9}$$

をみたします．そこで

$$\mathrm{OA}(1,1) = \left\{ A \in \mathrm{M}_2\mathbb{R} \;\middle|\; \text{すべての } \boldsymbol{x}, \boldsymbol{y} \in \mathbb{L}^2 \text{ に対し } \langle A\boldsymbol{x}, A\boldsymbol{y} \rangle = -\langle \boldsymbol{x}, \boldsymbol{y} \rangle \right\}$$

とおいてみましょう．OA(1,1) は

$$\mathrm{OA}(1,1) = \{ A \in \mathrm{M}_2\mathbb{R} \mid {}^t\!A\mathcal{E}A = -\mathcal{E} \}$$

と表示できます．これは群をなさないことがわかります．実際 $A,\ B \in \mathrm{OA}(1,1)$ に対し

$$ {}^{t}(AB)\mathcal{E}(AB) = {}^{t}B({}^{t}A\mathcal{E}A)B = -{}^{t}B\mathcal{E}B = \mathcal{E} $$

より $AB \in \mathrm{O}(1,1)$ となってしまいます．ですが $\mathrm{O}(1,1) \cup \mathrm{OA}(1,1)$ は群になっています．$A \in \mathrm{OA}(1,1)$ ならば $\det({}^{t}A\mathcal{E}A) = \det(-\mathcal{E})$ より

$$ \det A \cdot \det \mathcal{E} \cdot \det A = (-1)^2 \det \mathcal{E} $$

なので $(\det A)^2 = 1$ となります．したがって $(\mathrm{O}(1,1) \cup \mathrm{OA}(1,1)) \ltimes \mathbb{R}^2$ は $\mathrm{EA}(2)$ の部分群です．

【ひとこと】 (ケーラー構造の亜種) 微分幾何学（複素多様体）を既に学んでいる読者向けの注意をしておこう．概複素多様体 (M, J) にリーマン計量 g が与えられており，J が g の直交変換の場を与えているとき，すなわち

$$ g(JX, JY) = g(X, Y), \quad X, Y \in \mathfrak{X}(M). \tag{9.10} $$

(M, J, g) を**エルミート多様体**（Hermitian manifold）という．g のレヴィ-チヴィタ接続 ∇ に関し J が平行 $(\nabla J = 0)$ であるとき，(M, J, g) は**ケーラー多様体**（Kähler manifold）とよばれる．g が不定値の擬リーマン計量のとき，(9.10) かつ $\nabla J = 0$ をみたす (M, J, g) は不定値ケーラー多様体とよばれる．一方，g が不定値の擬リーマン計量で J が (9.9) と同じ条件をみたし，$\nabla J = 0$ であるとき (M, J, g) は**ニュートラル-ケーラー多様体**（neutral Kähler manifold）とよばれる．ニュートラル-ケーラー多様体の定義において J を概複素構造でなく“$J^2 =$ 恒等変換”をみたす C^∞ 級テンソル場に換えた条件をみたす (M, J, g) は**パラ-ケーラー多様体**（para-Kähler manifold）とよばれる．ケーラー多様体とパラ-ケーラー多様体はともにシンプレクティック多様体の例を与える．

9.7 等積アフィン幾何を経由する

3.6 節で $\mathbb{L}^2$ 内の三角形に対し「時間的余弦定理」を証明しました．では「時間的正弦定理」はどのように考えればよいでしょうか．また，三角形の面積はどのように考えたらよいでしょうか．この節では「面積」の取り扱いを考察し

ます．まず前節で紹介した群 EA(2) について解説します．その準備のため，平行四辺形と三角形を改めて定義します．

定義 9.3 $\mathbb{R}^2$ の基底 $\mathcal{W} = \{\boldsymbol{w}_1, \boldsymbol{w}_2\}$ に対し

$$\mathrm{P}_{\mathcal{W}} = \{u_1\boldsymbol{w}_1 + u_2\boldsymbol{w}_2 \mid 0 \leqq u_1, u_2 \leqq 1\}$$

を $\mathcal{W}$ の張る**平行四辺形**（parallelogram）とよぶ．また

$$\triangle_{\mathcal{W}} = \{u_1\boldsymbol{w}_1 + u_2\boldsymbol{w}_2 \mid u_1, u_2 \geqq 0,\ 0 \leqq u_1 + u_2 \leqq 1\}$$

を $\mathcal{W}$ の張る**三角形**（triangle）とよぶ．

平行四辺形，三角形はユークリッド内積を用いずに定義できていることに注意してください．

命題 9.5 ユークリッド平面 $\mathbb{E}^2$ において $\mathcal{W} = \{\boldsymbol{w}_1, \boldsymbol{w}_2\}$ の張る平行四辺形の面積 $\mathcal{A}(\mathrm{P}_{\mathcal{W}})$ は

$$\mathcal{A}(\mathrm{P}_{\mathcal{W}}) = |\det(\boldsymbol{w}_1\ \ \boldsymbol{w}_2)| = \|\boldsymbol{w}_1\|\,\|\boldsymbol{w}_2\|\sin\theta, \quad \theta = \angle(\boldsymbol{w}_1, \boldsymbol{w}_2)$$

で与えられる．

【証明】 平行四辺形の頂点を A，B，C，D と名付ける．

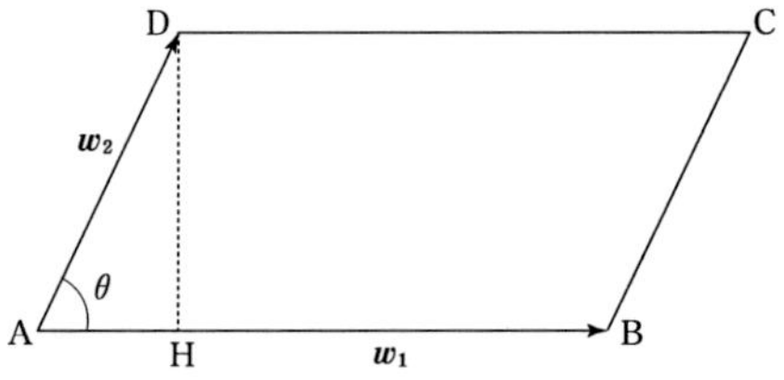

図 9.3 平行四辺形の面積

頂点の命名は

$$\boldsymbol{w}_1 = \overrightarrow{\mathrm{AB}} = (w_{11}, w_{21}), \quad \boldsymbol{w}_2 = \overrightarrow{\mathrm{AD}} = (w_{12}, w_{22})$$

となるようにする (図 9.3). $\theta = \angle(\boldsymbol{w}_1, \boldsymbol{w}_2)$ とおき，頂点 D から辺 AB に下ろした垂線の足を H とすると

$$\text{垂線の長さ} = \|\overrightarrow{\mathrm{DH}}\| = \|\overrightarrow{\mathrm{AD}}\| \sin\theta = \|\boldsymbol{w}_2\| \sin\theta.$$

平行四辺形 ABCD の面積を $\mathcal{A}$ とすると

$$\mathcal{A} = \text{底辺の長さ} \cdot \text{高さ} = \|\overrightarrow{\mathrm{AB}}\| \, \|\overrightarrow{\mathrm{DH}}\| = \|\boldsymbol{w}_1\| \, \|\boldsymbol{w}_2\| \sin\theta.$$

成分を使って計算すると

$$\begin{aligned}
\mathcal{A}^2 &= \|\boldsymbol{w}_1\|^2 \, \|\boldsymbol{w}_2\|^2 (\sin\theta)^2 = \|\boldsymbol{w}_1\|^2 \, \|\boldsymbol{w}_2\|^2 \{1 - (\cos\theta)^2\} \\
&= \|\boldsymbol{w}_1\|^2 \, \|\boldsymbol{w}_2\|^2 - (\boldsymbol{w}_1 \cdot \boldsymbol{w}_2)^2 \\
&= \left(w_{11}^2 + w_{21}^2\right)\left(w_{12}^2 + w_{22}^2\right) - (w_{11}w_{12} + w_{21}w_{22})^2 \\
&= (w_{11}w_{22} - w_{12}w_{21})^2 = \det(\boldsymbol{w}_1 \ \boldsymbol{w}_2)^2
\end{aligned}$$

を得る. ■

系 9.1 ユークリッド平面 $\mathbb{E}^2$ において $\mathcal{W} = \{\boldsymbol{w}_1, \boldsymbol{w}_2\}$ の張る三角形の面積 $\mathcal{A}(\triangle_{\mathcal{W}})$ は

$$\mathcal{A}(\triangle_{\mathcal{W}}) = \frac{1}{2}|\det(\boldsymbol{w}_1 \ \boldsymbol{w}_2)| = \frac{1}{2}\|\boldsymbol{w}_1\| \, \|\boldsymbol{w}_2\| \sin\theta$$

で与えられる.

この系を高等学校で学んだ表現に書き直しておきます．まず，記法の整理から.

数平面 $\mathbb{R}^2$ 内の 3 点 A，B，C が**同一直線上にない**ものとします．このとき基底 $\left\{\overrightarrow{\mathrm{AB}}, \overrightarrow{\mathrm{AC}}\right\}$ の張る三角形のことを三角形 ABC とよび，△ABC と表します．また線分 AB，線分 BC，線分 AC をそれぞれ辺 AB，辺 BC，辺 AC とよびます.

$$\triangle\mathrm{ABC} = \left\{u_1\overrightarrow{\mathrm{AB}} + u_2\overrightarrow{\mathrm{AC}} \mid u_1, u_2 \geq 0,\ 0 \leq u_1 + u_2 \leq 1\right\}$$

ユークリッド平面 $\mathbb{E}^2$ 内の三角形 ABC に対し

$$a = \left\|\overrightarrow{\mathrm{BC}}\right\|, \quad b = \left\|\overrightarrow{\mathrm{AC}}\right\|, \quad c = \left\|\overrightarrow{\mathrm{AB}}\right\|$$

とおき，それぞれ辺 BC，辺 AC，辺 AB の**長さ**とよびます．次に

$$\angle \mathrm{A} = \angle(\overrightarrow{\mathrm{AB}}, \overrightarrow{\mathrm{AC}}), \quad \angle \mathrm{B} = \angle(\overrightarrow{\mathrm{BA}}, \overrightarrow{\mathrm{BC}}), \quad \angle \mathrm{C} = \angle(\overrightarrow{\mathrm{CA}}, \overrightarrow{\mathrm{CB}})$$

とおきます．さらに

$$\cos \mathrm{A} = \cos \angle \mathrm{A}, \quad \cos \mathrm{B} = \cos \angle \mathrm{B}, \quad \cos \mathrm{C} = \cos \angle \mathrm{C},$$

と略記しましょう．すると先ほどの系は次のように書き直せます．

系 9.2 ユークリッド平面 $\mathbb{E}^2$ 内の三角形 ABC において

$$\mathcal{A}(\triangle \mathrm{ABC}) = \frac{bc}{2} \cos \mathrm{A} = \frac{ca}{2} \cos \mathrm{B} = \frac{ab}{2} \cos \mathrm{C}$$

で与えられる．

ここで次の用語を定めておきます ([21, 3.2 節]).

定義 9.4 $\mathbb{E}^2$ の基底 $\mathcal{W} = \{\boldsymbol{w}_1, \boldsymbol{w}_2\}$ に対し

$$\det(\boldsymbol{w}_1 \ \boldsymbol{w}_2), \quad \frac{1}{2} |\det(\boldsymbol{w}_1 \ \boldsymbol{w}_2)|$$

をそれぞれ平行四辺形 $\mathrm{P}_{\mathcal{W}}$，三角形 $\triangle_{\mathcal{W}}$ の**有向面積**（signed area，oriented area）とよぶ．

平行四辺形 $\mathrm{P}_{\mathcal{W}}$ を線型変換 f_A で写してみましょう．

$$f(\mathrm{P}_{\mathcal{W}}) = \{u_1 A\boldsymbol{w}_1 + u_2 A\boldsymbol{w}_2 \mid 0 \leqq u_1, u_2 \leqq 1\}$$

であり，

$$\det(A\boldsymbol{w}_1 \ A\boldsymbol{w}_2) = \det A \cdot \det(\boldsymbol{w}_1 \ \boldsymbol{w}_2)$$

ですから，f_A が，平行四辺形の面積をつねに保つための必要十分条件は $|\det A| = 1$ です[*3]．そこで次の定義を行います．

---

*3 「三角形の面積をつねに保つための必要十分条件」と言い換えてもよい．

定義 9.5 ユークリッド平面 $\mathbb{E}^2$ の正則アフィン変換 $(A, \boldsymbol{b}) \in \mathrm{GA}(2)$ が $\det A = \pm 1$ をみたすとき**等積アフィン変換**（equiaffine transformation）とよぶ.

等積アフィン変換の全体

$$\mathrm{EA}(2) = \{(A, \boldsymbol{b}) \in \mathrm{GA}(2) \mid \det A = \pm 1\}$$

は GA(2) の部分群です．この群を**等積アフィン変換群**とよびます．また,

$$\mathrm{SA}(2) = \{(A, \boldsymbol{b}) \in \mathrm{GA}(2) \mid \det A = 1\}$$

とおきます．SA(2) は EA(2) の部分群です．EA(2) の要素は符号付面積（有向面積）を保つ等積アフィン変換です.

註 9.2 (一般の図形) 平行四辺形や三角形だけしか考えずに「等積」という名称を使うことを決めてしまってよいのだろうか．もっと一般の平面図形を考えなくてよいのだろうか．そういう疑問をもった読者もいるだろう．ここでは（重積分について学んだ読者向けに）手短かに解説を行う．まず「面積」を次のように定義する：

ユークリッド平面 $\mathbb{E}^2$ 内の有界閉領域 D に対し重積分

$$\mathcal{A}(D) = \iint_D \mathrm{d}x_1\,\mathrm{d}x_2$$

が存在するとき，D は**面積確定**であるとか**ジョルダン可測**であるという．$\mathcal{A}(D)$ を D の**面積**（area），または**ジョルダン測度**（Jordan measure）とよぶ ([21, 第 2 章]).

面積確定な D を正則アフィン変換 $f = (A, \boldsymbol{b})$ で写してみる.

$$f(D) = \{A\boldsymbol{x} + \boldsymbol{b} \mid \boldsymbol{x} \in D\}$$

の面積を求める.

$$u_1 = a_{11}x_1 + a_{12}x_2 + b_1, \quad u_2 = a_{21}x_1 + a_{22}x_2 + b_2$$

とおくと，変数変換の積分公式から ([21, 第 3 章])

$$\begin{aligned}\iint_{f(D)} \mathrm{d}u_1\,\mathrm{d}u_2 &= \iint_D \left|\frac{\partial(u_1,u_2)}{\partial(x_1,x_2)}\right| \mathrm{d}x_1\,\mathrm{d}x_2 \\ &= \iint_D \left|\det\begin{pmatrix} (u_1)_{x_1} & (u_1)_{x_2} \\ (u_2)_{x_1} & (u_2)_{x_2}\end{pmatrix}\right| \mathrm{d}x_1\,\mathrm{d}x_2 \\ &= \iint_D \left|\det\begin{pmatrix} a_{11} & a_{12} \\ a_{21} & a_{22}\end{pmatrix}\right| \mathrm{d}x_1\,\mathrm{d}x_2 = |\det A|\,\mathcal{A}(D)\end{aligned}$$

と求められるから $f(D)$ も面積確定で，面積は $|\det A|\,\mathcal{A}(D)$ である．したがって f が等積アフィン変換ならば $\mathcal{A}(f(D)) = \mathcal{A}(D)$ である．

平行四辺形や三角形の定義ではユークリッド内積を必要としていません．数平面 $\mathbb{R}^2$ で意味をもちます．それらの面積はどうでしょうか．面積を算出する公式を導く際に長さや角を使ったので「ユークリッド平面でないと意味をもたない」ように思えますが，

$$\mathcal{A}(\mathrm{P}_{\mathcal{W}}) = |\det(\boldsymbol{w}_1\ \boldsymbol{w}_2)|, \quad \mathcal{A}(\triangle_{\mathcal{W}}) = \frac{1}{2}|\det(\boldsymbol{w}_1\ \boldsymbol{w}_2)|$$

を「面積の定義」と考え直せば，ユークリッド内積なしで面積を考えることができます．行列式

$$\det : \mathbb{R}^2 \times \mathbb{R}^2 \to \mathbb{R}$$

が与えられていればよいのです．より一般の図形の面積については det から面積要素（ジョルダン測度）を定めて議論をする必要がありますが，ここでは深入りせず，先に進みます．

数平面 $\mathbb{R}^2$ に det を指定したもの $(\mathbb{R}^2, \det)$ を**等積アフィン平面**（equiaffine plane）とよびます ([70] 参照). 等積アフィン平面内の 2 つの図形 $\mathcal{X}$ と $\mathcal{Y}$ に対し $f(\mathcal{X}) = \mathcal{Y}$ となる $f \in \mathrm{EA}(2)$ が存在するとき，$\mathcal{X}$ と $\mathcal{Y}$ は**等積合同**と定めます．

この設定で，ユークリッド幾何やミンコフスキー幾何のように展開される幾何学を**等積アフィン幾何**（equiaffine geometry）とよびます．

等積アフィン平面内の曲線を調べましょう．径数付曲線 $\boldsymbol{x}(u) = (x_1(u), x_2(u))$ を 1 つ与えます．ユークリッド内積もミンコフスキー内積も与えられていないので弧長径数や固有時間のような径数をとることができません．どのような径数をとればよいでしょうか．

$\boldsymbol{x}(u)$ の接ベクトル場を

$$\boldsymbol{a}_1(u) = \frac{\mathrm{d}\boldsymbol{x}}{\mathrm{d}u}(u)$$

と表記します．内積は与えられていませんが det はあります．そこで曲線に沿うベクトル場 $\boldsymbol{a}_2(u)$ で

$$\det(\boldsymbol{a}_1(u)\ \ \boldsymbol{a}_2(u)) = 1$$

となるものを探します．そこで

$$\det\left(\frac{\mathrm{d}\boldsymbol{x}}{\mathrm{d}s}(s), \frac{\mathrm{d}^2\boldsymbol{x}}{\mathrm{d}s^2}(s)\right) = 1$$

となるように径数変換 $u \longmapsto s$ ができるための条件を求めます．

$$\det\left(\frac{\mathrm{d}\boldsymbol{x}}{\mathrm{d}s}(s), \frac{\mathrm{d}^2\boldsymbol{x}}{\mathrm{d}s^2}(s)\right) = \left(\frac{\mathrm{d}u}{\mathrm{d}s}(s)\right)^3 \det\left(\frac{\mathrm{d}\boldsymbol{x}}{\mathrm{d}u}(u), \frac{\mathrm{d}^2\boldsymbol{x}}{\mathrm{d}u^2}(u)\right) = 1$$

ですから

$$\det\left(\frac{\mathrm{d}\boldsymbol{x}}{\mathrm{d}u}(u), \frac{\mathrm{d}^2\boldsymbol{x}}{\mathrm{d}u^2}(u)\right) \neq 0$$

であれば，つまり**変曲点がなければ**

$$s(u) := \int \left\{\det\left(\frac{\mathrm{d}\boldsymbol{x}}{\mathrm{d}u}, \frac{\mathrm{d}^2\boldsymbol{x}}{\mathrm{d}u^2}\right)\right\}^{\frac{1}{3}} \mathrm{d}u \tag{9.11}$$

と定めればよいことがわかります．

定義 9.6 等積アフィン平面内の径数付曲線 $\boldsymbol{x}(u) = (x_1(u), x_2(u))$ が

$$\det\left(\frac{\mathrm{d}\boldsymbol{x}}{\mathrm{d}u}(u), \frac{\mathrm{d}^2\boldsymbol{x}}{\mathrm{d}u^2}(u)\right) \neq 0$$

をみたすとき，**非退化曲線**（nondegenerate curve）であるという．

直線は非退化ではないことに注意してください．つまり以後，直線は考察対象からはずされます（その理由はあとで明らかになります）．

非退化曲線に対し (9.11) で定まる径数 s を**等積アフィン径数** (equiaffine parameter) とよびます．等積アフィン径数 s は (1 次元の) アフィン変換 $s \mapsto as+b$ を除き一意的に定まります．

あらためて等積アフィン径数 s で径数表示された曲線 $\boldsymbol{x}(s)=(x_1(s),x_2(s))$ を考えます．

$$\boldsymbol{a}_1(s)=\frac{\mathrm{d}\boldsymbol{x}}{\mathrm{d}s}(s),\quad \boldsymbol{a}_2(s)=\frac{\mathrm{d}^2\boldsymbol{x}}{\mathrm{d}s^2}(s)$$

とおき行列値函数 $A(s)$ を $A(s)=(\boldsymbol{a}_1(s)\ \boldsymbol{a}_2(s))$ と定め**等積フレネ標構** (equiaffine frame) とよびます．

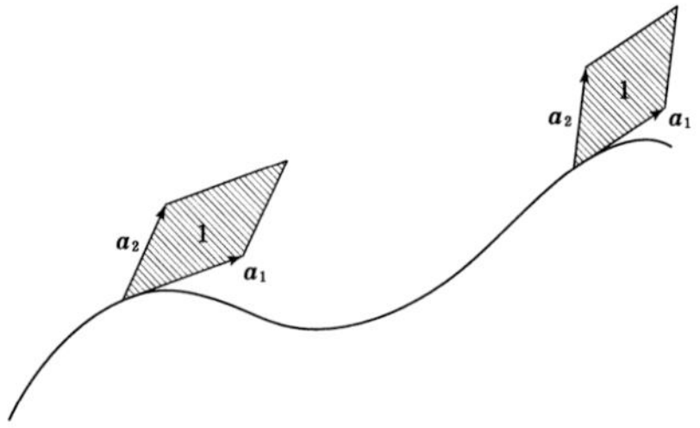

図 9.4 等積フレネ標構

問題 9.2 微分可能な行列値函数

$$A(s)=\begin{pmatrix} a_{11}(s) & a_{12}(s) \\ a_{21}(s) & a_{22}(s) \end{pmatrix}=(\boldsymbol{a}_1(s)\ \boldsymbol{a}_2(s))$$

において次が成り立つことを確かめよ．

$$\text{(9.12)}\qquad \frac{\mathrm{d}}{\mathrm{d}s}\det A(s)=\det\left(\frac{\mathrm{d}\boldsymbol{a}_1}{\mathrm{d}s}\ \boldsymbol{a}_2(s)\right)+\det\left(\boldsymbol{a}_1(s)\ \frac{\mathrm{d}\boldsymbol{a}_2}{\mathrm{d}s}(s)\right).$$

等積フレネ標構の変化を調べます．s に関する微分演算をプライムで表します．まず $\boldsymbol{a}_1'(s)=\boldsymbol{a}_2(s)$ です (これは定義)．次に $\det(\boldsymbol{a}_1(s)\ \boldsymbol{a}_2(s))=1$ の両辺を s で微分します．微分公式 (9.12) より

$$\begin{aligned} 0=\frac{\mathrm{d}}{\mathrm{d}s}\det(\boldsymbol{a}_1(s)\ \boldsymbol{a}_2(s)) &= \det(\boldsymbol{a}_1'(s)\ \boldsymbol{a}_2(s))+\det(\boldsymbol{a}_1(s)\ \boldsymbol{a}_2'(s)) \\ &= \det(\boldsymbol{a}_2(s)\ \boldsymbol{a}_2(s))+\det(\boldsymbol{a}_1(s)\ \boldsymbol{a}_2'(s))=\det(\boldsymbol{a}_1(s)\ \boldsymbol{a}_2'(s)). \end{aligned}$$

ということは $\boldsymbol{a}_2'(s) \mathbin{/\!/} \boldsymbol{a}_1(s)$. したがって

$$\boldsymbol{a}_2'(s) = -\kappa_{\mathsf{SA}}(s)\,\boldsymbol{a}_1(s)$$

と表せます．函数 $\kappa_{\mathsf{SA}}(s)$ を**等積アフィン曲率** (equiaffine curvature) とよびます．$A(s)$ に関する常微分方程式

$$\frac{\mathrm{d}}{\mathrm{d}s}A(s) = A(s)\begin{pmatrix} 0 & -\kappa_{\mathsf{SA}}(s) \\ 1 & 0 \end{pmatrix} \tag{9.13}$$

を**等積フレネの公式** (equiaffine Frenet formula) とよびます．

これまでに紹介した平面曲線の基本定理 (定理 7.1)，空間的曲線の基本定理 (定理 7.2) や空間的曲線の基本定理 (問題 7.2) のように「等積アフィン曲線の基本定理」が成立します（定式化と証明は読者の研究課題にしましょう）．

さて，直線は考察対象から外されていました．等積アフィン幾何で“曲がっていない平面曲線”（等積アフィン曲率が 0 の曲線）はどんな曲線か想像がつきますか？計算で求めてみましょう．等積フレネの公式から

$$\boldsymbol{a}_2' = -\kappa_{\mathsf{SA}}\,\boldsymbol{a}_1$$

という式を得ていますが，これは

$$\boldsymbol{x}'''(s) = -\kappa_{\mathsf{SA}}(s)\,\boldsymbol{x}'(s)$$

と書き直せます．$\kappa_{\mathsf{SA}} = 0$ の場合，$\boldsymbol{x}'''(s) = \boldsymbol{0}$ ですから両辺を積分して

$$\boldsymbol{x}(s) = \frac{s^2}{2}\boldsymbol{b} + s\boldsymbol{a} + \boldsymbol{c},\ \ \det(\boldsymbol{a},\boldsymbol{b}) = 1,\ \boldsymbol{a},\boldsymbol{b},\boldsymbol{c} \text{ は定ベクトル}$$

と表せることがわかります．ここで

$$f(\boldsymbol{a}) = (1,0), \quad f(\boldsymbol{b}) = (0,1), \quad f(\boldsymbol{c}) = (0,0)$$

をみたす $f \in \mathrm{SA}(2)$ が必ずとれます（なぜか？ 考えてみてください）．この f で $\boldsymbol{x}(s)$ を移すと

$$f(\boldsymbol{x}(s)) = \left(s, \frac{s^2}{2}\right).$$

すなわち $f(\boldsymbol{x}(s))$ は放物線 $x_2 = \frac{1}{2}x_1^2$. したがって $\boldsymbol{x}(s)$ は放物線 $x_2 = \frac{1}{2}x_1^2$ と等積合同であることがわかりました.

つまり等積アフィン幾何では「放物線を基準として曲がり具合を調べている」のです. 等積アフィン幾何については野水・佐々木の教科書 [70] を見てください. 平面曲線だけでよければ拙著 [14] も参考になります. また, 正則アフィン変換群 GA(2) の下で平面曲線を研究したり（アフィン幾何), 平行移動を考えず, 正則 1 次変換で重なる図形を同じと思う幾何学（中心アフィン幾何）を展開することも行われています. アフィン幾何については文献 [151] を, 中心アフィン幾何については [76] を参照してください.

問題 9.3 単位円 $x_1^2 + x_2^2 = 1$ および擬円 $x_1^2 - x_2^2 = 1$ の等積アフィン曲率がそれぞれ 1, -1 であることを確かめよ.

9.8 正弦定理

ミンコフスキー平面内の三角形の面積と正弦定理を考察します. $\mathbb{L}^2$ 内の三角形 ABC に対し

$$a = \left|\overrightarrow{\mathrm{BC}}\right|, \quad b = \left|\overrightarrow{\mathrm{AC}}\right|, \quad c = \left|\overrightarrow{\mathrm{AB}}\right|$$

とおき, それぞれ辺 BC, 辺 AC, 辺 AB の“ミンコフスキー的長さ”とよびます.

3.6 節で時間的余弦定理 (定理 3.3) を紹介しました. 少し修正した形で再掲します.

定理 9.1 (時間的余弦定理) $\mathbb{L}^2$ 内の三角形 $\triangle$ABC において

- $\overrightarrow{\mathrm{AB}}$ と $\overrightarrow{\mathrm{AC}}$ はともに未来時間的,
- $\overrightarrow{\mathrm{BC}}$ は空間的で $\langle\overrightarrow{\mathrm{AB}}, \overrightarrow{\mathrm{BC}}\rangle = 0$ をみたす

ならば

$$a^2 = b^2 + c^2 + 2bc\cosh\phi$$

が成り立つ．ϕ は $\overrightarrow{\mathrm{AB}}$ と $\overrightarrow{\mathrm{AC}}$ のなす擬角である．

正弦定理は，どのような三角形に対して考えることが適切でしょうか．文献 [95] では次のような三角形を考察しています．

定義 9.7 $\triangle\mathrm{ABC} \subset \mathbb{L}^2$ において，$\overrightarrow{\mathrm{AB}}$ と $\overrightarrow{\mathrm{BC}}$ がともに未来時間的であるとき，$\triangle\mathrm{ABC}$ は**時間的純三角形**（timelike pure triangle）であるという．点 B をこの時間的純三角形の**中頂点**（middle vertex）とよぶ．

p. 52 の問題 3.1 より $\overrightarrow{\mathrm{AC}}$ も未来時間的であり

$$\langle \overrightarrow{\mathrm{AB}}, \overrightarrow{\mathrm{BC}} \rangle < 0, \quad b > c + a$$

が成り立ちます．

時間的純三角形において，$\overrightarrow{\mathrm{AB}}$ と $\overrightarrow{\mathrm{AC}}$ のなす擬角を $\mathring{\mathrm{A}}$ と表記します[*4]．次に $\overrightarrow{\mathrm{BC}}$ と $\overrightarrow{\mathrm{AC}}$ のなす擬角を $\mathring{\mathrm{C}}$ と表記します．中頂角 B では少し工夫をします．$\overrightarrow{\mathrm{AB}}$ と $\overrightarrow{\mathrm{BC}}$ のなす擬角を $\mathring{\mathrm{B}}$ で表します (図 9.5 を見てください)．

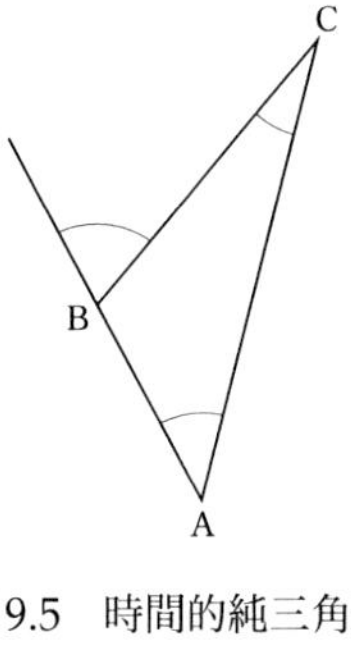

図 9.5　時間的純三角形

このように定義しておくと次が成り立ちます．

命題 9.6 ([95]) 時間的純三角形において $\mathring{\mathrm{B}} = \mathring{\mathrm{C}} + \mathring{\mathrm{A}}$ が成り立つ．

[*4] 論文 [95] では $\hat{\mathrm{A}}$ と記載しています．

この結果をユークリッド幾何と比較すると $\mathring{A}$ と $\mathring{C}$ は内角，$\mathring{B}$ は外角のような性格と思えます．

さて，時間的純三角形 ABC の面積を考えます．E(1,1) は EA(2) の部分群ですから，$\mathbb{L}^2$ において三角形の面積を定義する際に，等積アフィン幾何と不一致になるような定義は適切ではありません．等積アフィン幾何における定義を採用して

$$\frac{1}{2}\left|\det(\overrightarrow{AB},\overrightarrow{AC})\right|$$

を時間的純三角形 ABC の面積と定義しましょう．ユークリッド幾何のときの類似といえる次の公式が得られます．

命題 9.7 時間的純三角形 ABC の面積は

$$\frac{bc}{2}\sinh\mathring{A}$$

で与えられる．

【証明】 平行移動は等積アフィン変換，とくにポアンカレ変換である．$-\overrightarrow{AB}$ による平行移動を f とする．

$$f(A)=(0,0),\quad f(B)=c(\sinh u,\cosh u),\quad f(C)=b(\sinh v,\cosh v)$$

と表せる．f はポアンカレ変換だから $\overrightarrow{f(A)f(B)}$ と $\overrightarrow{f(A)f(C)}$ のなす擬角は $\mathring{A}$ である．

$$\begin{aligned}-\cosh\mathring{A}&=\frac{\langle\overrightarrow{AB},\overrightarrow{AC}\rangle}{|\overrightarrow{AB}|\,|\overrightarrow{AC}|}=\frac{\langle\overrightarrow{Of(B)},\overrightarrow{Of(C)}\rangle}{|\overrightarrow{Of(B)}|\,|\overrightarrow{Of(C)}|}\\&=\frac{bc(\sinh u\sinh v-\cosh u\cosh v)}{bc}=-\cosh(u-v).\end{aligned}$$

したがって $\mathring{A}=|u-v|$. すると

$$
\begin{aligned}
\text{時間的純三角形 ABC の面積} &= \frac{1}{2}\left|\det\begin{pmatrix} c\sinh u & b\sinh v \\ c\cosh u & b\cosh v \end{pmatrix}\right| \\
&= \frac{bc}{2}|\sinh(u-v)| = \frac{bc}{2}\sinh|u-v| \\
&= \frac{bc}{2}\sinh \mathring{\mathrm{A}}
\end{aligned}
$$

を得る. ■

定理 9.2 (時間的純三角形の正弦定理) 時間的純三角形 ABC において

$$
\frac{\sinh \mathring{\mathrm{A}}}{a} = \frac{\sinh \mathring{\mathrm{B}}}{b} = \frac{\sinh \mathring{\mathrm{C}}}{c}
$$

が成り立つ.

【証明】 辺 AC 上に

- $\overrightarrow{\mathrm{BD}}$ は空間的ベクトルで
- $\langle \overrightarrow{\mathrm{AC}}, \overrightarrow{\mathrm{BD}} \rangle = 0$

をみたす点 D をとれる. △ADB において定理 3.4 を適用すると

$$
|\overrightarrow{\mathrm{DB}}| = c \sinh \mathring{\mathrm{A}}
$$

を得る. 次に △CDB を考える. $\overrightarrow{\mathrm{CD}}$ と $\overrightarrow{\mathrm{CB}}$ はともに過去時間的. その擬角は $\mathring{\mathrm{C}}$ と一致する. 定理 3.4 は △CDB にも適用できて

$$
|\overrightarrow{\mathrm{DB}}| = a \sinh \mathring{\mathrm{C}}
$$

が成り立つ. この 2 式から $\sinh \mathring{\mathrm{A}}/a = \sinh \mathring{\mathrm{C}}/c$ を得る. 次に辺 AB 上に $\langle \overrightarrow{\mathrm{CE}}, \overrightarrow{\mathrm{AB}} \rangle = 0$ かつ $\overrightarrow{\mathrm{CE}}$ が空間的となる点 E をとれば $\sinh \mathring{\mathrm{A}}/a = \sinh \mathring{\mathrm{B}}/b$ を示せる. ■

時間的純三角形は正弦定理が成り立つ三角形として登場しましたが, それだけが理由だと, ちょっと作為的なクラスです. なにか, 別の特徴や性質はないのでしょうか. この問いに対する解答は野水先生とバーマン (Gracias S. Birman) 先生によって与えられました.

定理 9.3 ([95]) 擬円

$$\mathbb{S}^1_1(\boldsymbol{p};r) = \left\{ \boldsymbol{x} \in \mathbb{L}^2 \,\middle|\, \langle \boldsymbol{x}-\boldsymbol{p}, \boldsymbol{x}-\boldsymbol{p} \rangle = r^2 \right\}$$

上の 3 点を頂点とする三角形は（頂点の名前を適切に並べ替えれば）時間的純三角形である．逆に時間的純三角形が与えられたとき，その頂点を通る擬円がただ 1 つ存在する．この擬円を，その時間的純三角形の**内接擬円**（inscribed pseudo-circle）とよぶ．r を内接擬円の**擬半径**とよぶ．

内接擬円の半径を用いると

$$\frac{\sinh \mathring{\mathrm{A}}}{a} = \frac{\sinh \mathring{\mathrm{B}}}{b} = \frac{\sinh \mathring{\mathrm{C}}}{c} = \frac{1}{2r} \tag{9.14}$$

が得られます．さらに △ABC の面積が

$$\frac{abc}{4r} \tag{9.15}$$

で与えられることもわかります．

註 9.3 (時間的純三角形の余弦定理) 時間的純三角形 ABC において

$$\begin{aligned} c^2 &= a^2 + b^2 - 2ab \cosh \mathring{\mathrm{C}}, \\ a^2 &= b^2 + c^2 - 2bc \cosh \mathring{\mathrm{A}}, \\ b^2 &= c^2 + a^2 + 2ca \cosh \mathring{\mathrm{B}} \end{aligned} \tag{9.16}$$

が成り立つ．中頂点に関わる式だけ，他の 2 式と符号が異なる項があることに注意．

3.6 節で挙げた研究課題をもう一度（少し書き換えて）提示し，この第 1 巻を終えましょう．

【研究課題】 (卒業論文向け) ミンコフスキー平面 $\mathbb{L}^2$ における三角法（正弦定理，余弦定理等）について詳しく調べましょう．命題 9.6，式 (9.14)，(9.15)，(9.16) を証明してみましょう．

演習問題の略解

本文中の問題について解答の抜粋を与えておく.

第 1 章

【問題 1.1】 $u_1(1,-1)+u_2(1,1)=(2,1)$ より連立方程式 $u_1+u_2=2$, $u_1-u_2=1$ を得る. これを解くと $u_1=1/2, u_2=3/2$.

【問題 1.2】

$$\begin{aligned}(1.9)\text{ の左辺} &= (a_{11}x_1+a_{12}x_2)y_1+(a_{21}x_1+a_{22}x_2)y_2\\ &= a_{11}x_1y_1+a_{12}x_2y_1+a_{21}x_1y_2+a_{22}x_2y_2,\\ (1.9)\text{ の右辺} &= x_1(a_{11}y_1+a_{21}y_2)+x_2(a_{12}y_1+a_{22}y_2)=(1.9)\text{ の左辺}.\end{aligned}$$

$$^t(AB)={}^t\begin{pmatrix} a_{11}b_{11}+a_{12}b_{21} & a_{11}b_{12}+a_{12}b_{22} \\ a_{21}b_{11}+a_{22}b_{21} & a_{21}b_{12}+a_{22}b_{22}\end{pmatrix}=\begin{pmatrix} a_{11}b_{11}+a_{12}b_{21} & a_{21}b_{11}+a_{22}b_{21} \\ a_{11}b_{12}+a_{12}b_{22} & a_{21}b_{12}+a_{22}b_{22}\end{pmatrix}.$$

一方,

$$^tB^tA=\begin{pmatrix} b_{11} & b_{21} \\ b_{12} & b_{22}\end{pmatrix}\begin{pmatrix} a_{11} & a_{21} \\ a_{12} & a_{22}\end{pmatrix}=\begin{pmatrix} b_{11}a_{11}+b_{21}a_{12} & b_{11}a_{21}+b_{21}a_{22} \\ b_{12}a_{11}+b_{22}a_{12} & b_{12}a_{21}+b_{22}a_{22}\end{pmatrix}={}^t(AB).$$

式 (1.12) も同様に確かめられる. 式 (1.12) を先に示しておけば, (1.11) と (1.12) を利用して (1.10) を次のように証明できる.

$$(A\boldsymbol{x})\cdot\boldsymbol{y}={}^t(A\boldsymbol{x})\boldsymbol{y}=({}^t\boldsymbol{x}\,{}^tA)\boldsymbol{y}={}^t\boldsymbol{x}(A\boldsymbol{y})=\boldsymbol{x}\cdot({}^tA\boldsymbol{y}).$$

【問題 1.3】 (1) AB と BA の $(1,1)$ 成分と $(2,2)$ 成分は

$$(AB)_{11}=a_{11}b_{11}+a_{12}b_{21},\quad (AB)_{22}=a_{21}b_{12}+a_{22}b_{22},$$

$$(BA)_{11}=b_{11}a_{11}+b_{12}a_{21},\quad (BA)_{22}=b_{21}a_{12}+b_{22}a_{22},$$

だから $\mathrm{tr}(AB)=\mathrm{tr}(BA)$.

$$\begin{aligned}\det(AB) &= (a_{11}b_{11}+a_{12}b_{21})(a_{21}b_{12}+a_{22}b_{22})-(a_{11}b_{12}+a_{12}b_{22})(a_{21}b_{11}+a_{22}b_{21})\\ &= a_{11}a_{22}(b_{11}b_{22}-b_{12}b_{21})+a_{12}a_{21}(b_{12}b_{21}-b_{11}b_{22}) = \det A\cdot\det B.\end{aligned}$$

(2) それぞれ書いてみると

$$\det A = a_{11}a_{22}-a_{12}a_{21},\quad \det({}^tA) = a_{11}a_{22}-a_{21}a_{12} = \det A.$$

【問題 1.4】 (1) のみ示す.

$$4(\sinh x\cosh y \pm \cosh x\sinh y) = (e^x-e^{-x})(e^y+e^{-y}) \pm (e^x+e^{-x})(e^y-e^{-y})$$

より

$$2(\sinh x\cosh y + \cosh x\sinh y) = e^{x+y}-e^{-(x+y0} = 2\sinh(x+y),$$

$$2(\sinh x\cosh y - \cosh x\sinh y) = e^{x-y}-e^{-x+y} = 2\sinh(x-y).$$

【問題 1.5】 これも (1) のみ示しておく. $y=\sinh^{-1}x$ とおくと $x=\sinh y=\frac{e^y-e^{-y}}{2}$ より

$$x^2+1 = (\sinh y)^2+1 = (\sinh y)^2+\{(\cosh y)^2-(\sinh y)^2\} = (\cosh y)^2.$$

$$x+\sqrt{x^2+1} = \sinh y+\cosh y = \frac{(e^y-e^{-y})+(e^y+e^{-y})}{2} = e^y.$$

以上より $y=\log\left(x+x+\sqrt{x^2+1}\right)$.

第 3 章

【問題 3.1】 $\boldsymbol{a}=(a_1,a_2)$, $\boldsymbol{b}=(b_1,b_2)$ は

$$a_2>0,\quad b_2>0,\quad 0<|a_1|<a_2,\quad 0<|b_1|<b_2$$

をみたしている. $\langle \boldsymbol{a},\boldsymbol{b}\rangle = a_1b_1-a_2b_2 \leqq 0$ が成り立つ.

$$\langle \boldsymbol{a},\boldsymbol{a}\rangle = a_1^2-a_2^2 = -\alpha^2<0,\quad \langle \boldsymbol{b},\boldsymbol{b}\rangle = b_1^2-b_2^2 = -\beta^2<0,$$

とおくと

$$a_1b_1 \leqq |a_1|\,|b_1| = \sqrt{a_2^2-\alpha^2}\,\sqrt{b_2^2-\beta^2} \leqq \sqrt{a_2^2}\,\sqrt{b_2^2} = a_2b_2$$

が成り立つから $\langle \boldsymbol{a}, \boldsymbol{b} \rangle \leqq 0$. 等号成立は $\alpha = \beta = 0$ かつ $a_1 b_1 = |a_1||b_1|$ のときであるが，このとき $\boldsymbol{a}$ と $\boldsymbol{b}$ がともに光的になってしまう．したがって $\langle \boldsymbol{a}, \boldsymbol{b} \rangle < 0$. この結果を利用すると

$$\langle \boldsymbol{a}+\boldsymbol{b}, \boldsymbol{a}+\boldsymbol{b} \rangle = \langle \boldsymbol{a}, \boldsymbol{a} \rangle + 2\langle \boldsymbol{a}, \boldsymbol{b} \rangle + \langle \boldsymbol{b}, \boldsymbol{b} \rangle < 0, \quad a_2 + b_2 > |a_1| + |b_1| \geqq |a_1 + b_1|$$

より $\boldsymbol{a}+\boldsymbol{b}$ は未来的な時間的ベクトルである．いま $\langle \boldsymbol{a}, \boldsymbol{a} \rangle$, $\langle \boldsymbol{a}, \boldsymbol{b} \rangle$, $\langle \boldsymbol{b}, \boldsymbol{b} \rangle$, すべて負なので逆向きのコーシー・シュヴァルツの不等式 (3.5) より $-\langle \boldsymbol{a}, \boldsymbol{b} \rangle \geqq |\boldsymbol{a}|\,|\boldsymbol{b}|$ を得る．これを利用すると

$$\begin{aligned} |\boldsymbol{a}+\boldsymbol{b}|^2 &= -\langle \boldsymbol{a}+\boldsymbol{b}, \boldsymbol{a}+\boldsymbol{b} \rangle \\ &= -\langle \boldsymbol{a}, \boldsymbol{a} \rangle - 2\langle \boldsymbol{a}, \boldsymbol{b} \rangle - \langle \boldsymbol{b}, \boldsymbol{b} \rangle \\ &\geqq |\boldsymbol{a}|^2 + 2|\boldsymbol{a}|\,|\boldsymbol{b}| + |\boldsymbol{b}|^2 = (|\boldsymbol{a}| + |\boldsymbol{b}|)^2 \end{aligned}$$

等号成立は逆向きのコーシー・シュヴァルツの不等式で等号が成立するとき，すなわち $\boldsymbol{a} /\!/ \boldsymbol{b}$ のとき．

第 4 章

【問題 4.1】 焦点 $\mathrm{F}(0, a)$ の位置ベクトルは時間的．準線 $\ell : x_2 = -a$ は空間的．(4.6) より $\overrightarrow{\mathrm{XH}} = (x_2 + a)(0, 1)$ なので，$\overrightarrow{\mathrm{XH}}$ は時間的で $\langle \overrightarrow{\mathrm{XH}}, \overrightarrow{\mathrm{XH}} \rangle = -(x_2 + a)^2$．一方，$\overrightarrow{\mathrm{XF}} = (-x_1, a - x_2)$ より $\langle \overrightarrow{\mathrm{XF}}, \overrightarrow{\mathrm{XF}} \rangle = x_1^2 - (x_2 - a)^2$．離心率が 1 のとき，$x_1^2 - (x_2 - a)^2 = -(x_2 + a)^2$ より $x_1^2 = -4ax_2$ を得る．すなわち鉛直放物線．

離心率が 1 のとき，$x_1^2 - (x_2 - a)^2 = (x_2 + a)^2$ より $x_1^2 = 2\left(x_2^2 + a^2\right)$．すなわち $x_1^2/(2a^2) - x_2^2/a^2 = 1$. なお $\mathbb{E}^2$ で離心率 1 とすると $x_1^2 = 4ax_2$ を得る．

第 5 章

【問題 5.1】 $S(\theta)$ と $R(\theta)$ の間に $S(\theta) = R(\theta)S(0)$ という関係があることを利用する[*5]．$\theta = 0$ のとき，$S(0)$ の定める 1 次変換 $f_{S(0)}$ は x_1 軸を軸とする線対称移動であるから，以下 $\theta \neq 0$ とする．点 $\mathrm{P} \neq \mathrm{O}$ の位置ベクトルを $\boldsymbol{p} \neq \boldsymbol{0}$ とする．$\mathrm{Q} = f_{S(\theta)}(\mathrm{P})$ の位置ベクトルを $\boldsymbol{q} = f_{S(0)}(\boldsymbol{p})$ とする．$\angle\mathrm{POQ}$ の 2 等分線は $x_2 = (\tan\frac{\theta}{2})x_1$ と表せる．$f_{S(\theta)}$ は直交変換だから $\|\boldsymbol{p}\| = \|\boldsymbol{q}\|$．したがって $\triangle\mathrm{OPQ}$ は二等辺三角形．ゆえに

[*5] この関係式は 5.3 節で活用する．また 9.1 節で式 (9.3)（の一部）として再度登場する．

ℓ はOから辺PQに降ろした垂直2等分線である．ということはQはPの ℓ に関する対称点である．拙著 [11, §2.4]，[17, §1.7] も参照されたい．

行列 $\mathcal{E} = S(0)$ は5.2節にまた登場し $\mathbb{L}^2$ の符号行列と名付けられる．

第6章

【問題 6.1】 結合法則が成り立つことは既に知っている．A，$B \in \mathrm{GL}_2\mathbb{R}$ に対し $\det(AB) = \det A \det B \neq 0$ なので $AB \in \mathrm{GL}_2\mathbb{R}$ である $((AB)^{-1} = B^{-1}A^{-1}$ である$)$. 単位行列 E はもちろん $\mathrm{GL}_2\mathbb{R}$ に含まれている．$A \in \mathrm{GL}_2\mathbb{R}$ に対し $(A^{-1})^{-1} = A$ だから $A^{-1} \in \mathrm{GL}_2\mathbb{R}$. 以上より $\mathrm{GL}_2\mathbb{R}$ は乗法に関して群をなす．

【問題 6.2】 (1) $y = x$ 上の点 $(x,y) = (t,t)$ は

$$\begin{pmatrix} a & b \\ c & d \end{pmatrix}\begin{pmatrix} x \\ y \end{pmatrix} = \begin{pmatrix} (a+b)t \\ (c+d)t \end{pmatrix}$$

に写る．条件（イ）より $(a+b)t = (c+d)t$ がすべての実数 t に対し成立する．すなわち $a+b = c+d$. 次に条件（ロ）を用いる．$y = -x$ 上の点 $(x,y) = (t,-t)$ は

$$\begin{pmatrix} a & b \\ c & d \end{pmatrix}\begin{pmatrix} x \\ y \end{pmatrix} = \begin{pmatrix} (a-b)t \\ (c-d)t \end{pmatrix}$$

に写るから $(a-b)t = -(c-d)t$ がすべての実数 t に対し成立する．つまり $a-b = -c+d$. したがって（イ）と（ロ）から $a = d$ かつ $b = c$ が得られた．条件（ハ）を用いる．x 軸上の点 $(x,y) = (t,0)$ は

$$\begin{pmatrix} a & b \\ c & d \end{pmatrix}\begin{pmatrix} t \\ 0 \end{pmatrix} = \begin{pmatrix} at \\ ct \end{pmatrix}$$

より $k(at) = ct$ がすべての実数 t について成立するから $c = ka$. 以上より行列 C は

$$C = \begin{pmatrix} a & ka \\ ka & a \end{pmatrix}$$

という形をしていることがわかる．C の行列式 $\det C = ad - bc$ は1だから $1 = ad - bc = a^2 - (ka)^2 = (1-k^2)a^2$. もし $a = 0$ なら $\det C = 0$ となってしまう．ゆえに $a \neq 0$. すると

$$1 - k^2 = \frac{1}{a'} > 0, \text{ すなわち } -1 < k < 1.$$

(2) $a^2 = 1/(1-k^2)$ なので，$a = \pm 1/\sqrt{1-k^2}$．したがって

$$C = \begin{pmatrix} a & b \\ c & d \end{pmatrix} = \frac{\pm 1}{\sqrt{1-k^2}} \begin{pmatrix} 1 & k \\ k & 1 \end{pmatrix}.$$

条件（イ）と（ロ）から C の定める 1 次変換 f_C は「光錐を光錐に写す 1 次変換」である．$-1 < k < 1$ より $k = \tanh t$ とおくと $C = \pm B(t)$ と書き直せることに注意．

第 7 章

【問題 7.1】

$$\dot{\boldsymbol{x}}(u) = \left(\frac{-4u}{(1+u^2)^2}, \frac{2(1-u^2)}{(1+u^2)^2} \right)$$

より $\|\dot{\boldsymbol{x}}(u)\|^2 = 4/(1+u^2)^2$. ゆえに $(1,0)$ から計測した弧長は

$$s(u) = \int_0^u \|\dot{\boldsymbol{x}}(u)\|^2 \, \mathrm{d}u = \int_0^u \frac{2}{1+u^2} = 2\tan^{-1} u.$$

したがって $u = \tan(s/2)$．　これを $\boldsymbol{x}(s)$ に代入して整理すると $\boldsymbol{x}(s) = (\cos s, \sin s)$ を得る．これは 1.2 節で復習した弧度法の定義そのもの．すると

$$\boldsymbol{T}(s) = (-\sin s, \cos s),\ \boldsymbol{N}(s) = (-\cos s, -\sin s),\ \boldsymbol{T}'(s) = (-\cos s, -\sin s) = \boldsymbol{N}(s)$$

より $\kappa = 1$．弧長径数表示に書き直さずに計算を実行してみよう．

$$\boldsymbol{T}(s) = \frac{\mathrm{d}\boldsymbol{x}}{\mathrm{d}s} = \frac{\mathrm{d}\boldsymbol{x}}{\mathrm{d}u}\frac{\mathrm{d}u}{\mathrm{d}s} = \frac{1+u^2}{2}\left(\frac{-4u}{(1+u^2)^2}, \frac{2(1-u^2)}{(1+u^2)^2} \right) = \left(\frac{-2u}{1+u^2}, \frac{1-u^2}{1+u^2} \right),$$

$$\boldsymbol{N}(s) = \left(\frac{-1+u^2}{1+u^2}, \frac{-2u}{1+u^2} \right),$$

$$\boldsymbol{T}'(s) = \frac{\mathrm{d}\boldsymbol{T}}{\mathrm{d}u}\frac{\mathrm{d}u}{\mathrm{d}s} = \frac{1+u^2}{2}\left(\frac{2(-1+u^2)}{(1+u^2)^2}, \frac{-4u}{(1+u^2)^2} \right) = \left(\frac{-1+u^2}{1+u^2}, \frac{-2u}{1+u^2} \right) = \boldsymbol{N}(s)$$

だから $\kappa = 1$.

【問題 7.2】 **【時間的曲線の基本定理】**

(1) $\boldsymbol{x}(s)$ を固有時間径数表示された時間的曲線で単位接ベクトル場 $\boldsymbol{N}(s)$ が未来的であるものとする．このとき行列値函数 $F(s)$ を $F(s) = (\boldsymbol{N}(s)\ \boldsymbol{T}(s))$ で定めると $F(s)$ は $\mathrm{SO}^+(1,1)$ に値をもち微分方程式（**フレネ方程式**）

$$\frac{\mathrm{d}}{\mathrm{d}s}F(s) = F(s)\begin{pmatrix} 0 & \kappa(s) \\ \kappa(s) & 0 \end{pmatrix}$$

をみたす．$\kappa(s)$ は曲率である．

(2) 与えられた C^∞ 級函数 $\kappa(s)$ に対し s を固有時間径数に，$\kappa(s)$ を曲率にもつ時間的曲線 $\boldsymbol{x}(s)$ が存在する．それらは互いにポアンカレ変換で重なる．すなわち $\kappa(s)$ を曲率にもつ時間的曲線で単位接ベクトル場が未来的であるものは

$$B(\psi)\boldsymbol{x}(s)+\boldsymbol{b}, \quad \psi \in \mathbb{R}, \quad \boldsymbol{b} \in \mathbb{R}^2$$

で与えられる．とくに $\boldsymbol{x}(s)$ とミンコフスキー幾何の意味で合同である．

(3) s_0 を含む区間 I で定義された C^∞ 級函数 $\kappa(s)$ に対し

$$\phi(s)=\int_{s_0}^{s}\kappa(s)\,\mathrm{d}s,$$
$$\boldsymbol{x}(s)=\int_{s_0}^{s}(\sinh\phi(s),\cosh\phi(s))\,\mathrm{d}s$$

は s を固有時間径数，$\kappa(s)$ を曲率にもつ時間的曲線で単位接ベクトル場が未来的なものである．

【問題 7.3】 例 7.6 で行った計算結果より $|b|<1$ のとき時間的曲線である．固有時間 s は

$$s(u)=\int_0^u ae^{bu}\sqrt{1-b^2}\,\mathrm{d}u=\frac{a\sqrt{1-b^2}}{b}(e^{bu}-1)$$

で与えられる．

$$\boldsymbol{T}(s)=\frac{\mathrm{d}\boldsymbol{x}}{\mathrm{d}u}\frac{\mathrm{d}u}{\mathrm{d}s}=\frac{1}{\sqrt{1-b^2}}\begin{pmatrix} b\cosh u+\sinh u \\ b\sinh u+\cosh u\end{pmatrix}$$

において

$$x_2'=\frac{b\sinh u+\cosh u}{\sqrt{1-b^2}}>0$$

より $\boldsymbol{T}$ は未来的．

$$\frac{\mathrm{d}\boldsymbol{T}}{\mathrm{d}s}=\frac{1}{ae^{bu}\sqrt{1-b^2}}\begin{pmatrix} b\cosh u+\sinh u \\ b\sinh u+\cosh u\end{pmatrix}, \quad \boldsymbol{N}(s)=\frac{1}{\sqrt{1-b^2}}\begin{pmatrix} b\cosh u+\sinh u \\ b\sinh u+\cosh u\end{pmatrix}$$

より

$$\kappa=\frac{1}{a}e^{-bu}.$$

この曲線を**時間的対数擬螺旋**（timelike logarithmic pseudo-spiral）とよぶ．

第 9 章

【問題 9.1】 $\boldsymbol{a}_1 = A\boldsymbol{e}_1$, $\boldsymbol{a}_2 = A\boldsymbol{e}_2$ とおく．$\boldsymbol{v} = \boldsymbol{e}_1$, $\boldsymbol{w} = \boldsymbol{e}_2$ と選ぶと $\boldsymbol{a}_1 \cdot \boldsymbol{a}_2 = 0$ が得られる．$\boldsymbol{v} = \boldsymbol{e}_1$, $\boldsymbol{w} = \boldsymbol{e}_1 + \boldsymbol{e}_2$ と選び $\alpha_1 = \|\boldsymbol{a}_1\|$, $\alpha_2 = \|\boldsymbol{a}_2\|$ とおくと $\cos\angle(f_A(\boldsymbol{v}), f_A(\boldsymbol{w})) = \alpha_1/\sqrt{\alpha_1^2 + \alpha_2^2}$. 一方，$\cos\angle(\boldsymbol{v}, \boldsymbol{w}) = 1/\sqrt{2}$ より $\alpha_1 = \alpha_2$ を得る．したがって ${}^tAA = \alpha_1^2 E$.

【問題 9.2】 s に関する微分演算をプライムで表すと

$$\begin{aligned}(\det A(s))' &= (a_{11}(s)a_{22}(s) - a_{12}(s)a_{21}(s))' \\ &= a'_{11}(s)a_{22}(s) + a_{11}(s)a'_{22}(s) - a'_{12}(s)a_{21}(s) - a_{12}(s)a'_{21}(s) \\ &= (a'_{11}(s)a_{22}(s) - a_{12}(s)a'_{21}(s)) + (a_{11}(s)a'_{22}(s) - a'_{12}(s)a_{21}(s)) \\ &= \det(\boldsymbol{a}'_1(s)\ \boldsymbol{a}_2(s)) + \det(\boldsymbol{a}_1(s)\ \boldsymbol{a}'_2(s)).\end{aligned}$$

【問題 9.3】 単位円 $x_1^2 + x_2^2 = 1$ を $\mathbb{E}^2$ 内の曲線と考えると，弧長径数 s を使って $\boldsymbol{x}(s) = (\cos s, \sin s)$ と表せる．このとき s は等積アフィン径数である．等積フレネ標構 $A(s)$ はフレネ標構 $F(s)$ と一致しており，$\kappa_{\mathrm{SA}} = \kappa_{\mathrm{E}} = 1$. 弧長径数 s は扇度 $\sigma = 2S$ と一致していることから，等積アフィン幾何で単位円を扱うならば s は扇度と理解するべきである．同様に擬円 $x_1^2 - x_2^2 = 1$ を $\mathbb{L}^2$ 内の時間的曲線と考える．簡単のため $x_1 > 0$ の一葉のみ扱う．例 7.7 で示したように固有時間径数 s を用いて $\boldsymbol{x}(s) = (\cosh s, \sinh s)$ と表すと s は，やはり等積アフィン径数である．等積フレネ標構 $A(s)$ はフレネ標構 $F(s)$ と一致し，$\kappa_{\mathrm{SA}} = -1$, 一方 $\kappa = 1$. 註 7.1 で触れたように固有時間径数は扇度と一致している．単位円のときと同様に「擬円は等積アフィン幾何においては扇度で径数表示される」と考えるべきである．以上のことから，「扇度は間に合わせ的に導入した概念」ではなく，ユークリッド幾何とミンコフスキー幾何の双方を含む等積アフィン幾何で意味をもつ量（等積アフィン径数）なのである．ユークリッド幾何とミンコフスキー幾何では，内積（および内積に由来する概念）は異なるが「面積」は共通であることに注意してほしい．空間的双曲線 $x_1^2 - x_2^2 = -1$ を等積アフィン幾何で調べてみよう．

参考文献

[1] V. I. アーノルド，古典力学の数学的方法（安藤韶一，蟹江幸博，丹羽敏雄［訳]），岩波書店，1980.

[2] A. アインシュタイン，相対性理論（内山龍雄［訳]），岩波文庫，1988（原著，1905）.

[3] 赤塚不二夫，ニャロメのおもしろ宇宙論，角川文庫，1985.

[4] 足助太郎，線型代数，東京大学出版会，2012.

[5] 安孫子誠也，アインシュタイン相対性理論の誕生，講談社現代新書，2004.

[6] 安孫子誠也，光速度不変の原理．ローレンツ-ポアンカレ理論とアインシュタイン理論の本質的相違，大学の物理教育 **11** (2005), no. 1, 9–13.

[7] 安孫子誠也，「光速度不変の原理」は不必要か？．J. ラディック『アインシュタイン，特殊相対論を横取りする』批判，大学の物理教育 **12** (2006), no. 3, 130–136.

[8] 有賀暢迪，ニュートンの運動の第 2 法則．『プリンキピア』の基本原理の二つの解釈，科学哲学科学史研究 **14** (2020)，49–68.

[9] 今井功，複素解析と流体力学，日本評論社，1989.

[10] 石原徹，高校生諸君!! ミンコフスキー平面上の 2 次曲線，数学セミナー，1988 年 2 月号，49–55.

[11] 井ノ口順一，幾何学いろいろ，日本評論社，2007.

[12] 井ノ口順一，リッカチのひ・み・つ，日本評論社，2010.

[13] 井ノ口順一，どこにでも居る幾何，日本評論社，2010.

[14] 井ノ口順一，曲線とソリトン，朝倉書店，2010.

[15] 井ノ口順一，曲面と可積分系，朝倉書店，2015.

[16] 井ノ口順一，常微分方程式，日本評論社，2015.

[17] 井ノ口順一，はじめて学ぶリー群，現代数学社，2017.

[18] 井ノ口順一，はじめて学ぶリー環，現代数学社，2018.

[19] 井ノ口順一，幾何学と可積分系，[65]，第 4 章.

[20] 井ノ口順一，初学者のための偏微分. ∂ を学ぶ，現代数学社，2019.

[21] 井ノ口順一，初学者のための重積分. $\iint$ を学ぶ，現代数学社，準備中.

[22] 井ノ口順一，初学者のためのベクトル解析. ∇ を学ぶ，現代数学社，2020.

[23] 井ノ口順一，ベクトルで学ぶ幾何学（仮題），現代数学社，刊行予定.

[24] 井ノ口順一，可視化のための微分幾何．ソリトンから差分幾何へ（仮題），刊行予定.

[25] 伊原信一郎・河田敬義，線型空間・アフィン幾何，岩波書店，1990.
[26] 岩堀長慶，初学者のための合同変換群の話．幾何学の形での群論演習，現代数学社，2000．復刻版，2020 (初版時書名：合同変換群の話：幾何学の形での群論演習，1974).
[27] 岩堀長慶，2 次行列の世界，新装版，岩波書店，2015（初版，1983）
[28] エウクレイデス全集．第 1 巻．原論 I–IV （斎藤憲・三浦伸夫［訳]），東京大学出版会，2007.
[29] 江沢洋，相対性理論，裳華房，2008.
[30] 及川廣太郎，リーマン面，共立出版，1987.
[31] 大槻富之助, 微分幾何に登場したある微分方程式について, 数学 **25** (1973), 97–109.
[32] 大槻富之助，周期解をもつある非線型常微分方程式，数学 **32** (1980), 263–270.
[33] 大槻富之助，微分幾何学（復刊），朝倉書店，2004.
[34] 大宮眞弓，非線形波動の古典解析，森北出版，2008.
[35] 大森英樹，力学的な微分幾何．新装版，日本評論社，2010（初版，1980）.
[36] 笠原皓司，新装版　線型代数と固有値問題．スペクトル分解を中心に，現代数学社，2014（初版，1972）.
[37] 金行壯二，リー群と等質空間の幾何学，上智大学理工学振興会，理工学振興会会報　ソフィア サイテック No. 8, 1997.
[38] 風間洋一，相対性理論入門講義，培風館，1997.
[39] G. ガモフ，不思議の国のトムキンス．復刻版，伏見康治〔訳〕，白揚社，2016（原著，1940）.
[40] G. ガモフ，R. スタナード，不思議宇宙のトムキンス．青木薫〔訳〕，白揚社，2001（原著，1999）.
[41] I. カント，純粋理性批判（上・中・下）（篠田英雄［訳]），岩波文庫，1961.
[42] 北川義久，3 次元球面内の平坦トーラス，数学 **57** (2005), no. 2, 164–177.
[43] 楠幸男，函数論，数理解析シリーズ 5，朝倉書店，1973 （復刊 2011）.
[44] 小寺平治，新版 大学入試数学のルーツ，現代数学社，2001.
[45] 小林昭七，曲線と曲面の微分幾何〔改訂版〕，裳華房，1995.
[46] 小林真平，曲面とベクトル解析，日本評論社，2016.
[47] 斎藤憲，ユークリッド『原論』の成立．古代の伝承と現代の神話，東京大学出版会，1997.
[48] 齋藤正彦，線型代数入門，東京大学出版会，1966.
[49] 齋藤正彦，線型代数演習，東京大学出版会，1985.
[50] 佐藤勇二，弦理論と可積分性：ゲージ-重力対応のより深い理解に向けて，SGC ライブラリ **165**，サイエンス社，2021.
[51] 塩濱勝博・成慶明，曲面の微分幾何学．局所理論から大域理論へ，日本評論社，

2006.
[52] 塩谷隆，重点解説　基礎微分幾何，SGC ライブラリ 70，サイエンス社，2009.
[53] 杉浦光夫，解析入門 II，東京大学出版会，1985.
[54] 竹村嘉夫，接写テクニック，朝日ソノラマ，1976.
[55] 竹山美宏，線形代数，日本評論社，2015.
[56] 田坂隆士，2 次形式，岩波書店，2002.
[57] 田村二郎，空間と時間の数学，岩波新書，1977.
[58] P. A. M. ディラック，一般相対性理論，江沢洋〔訳〕，ちくま学芸文庫，2005（元本，東京図書，1979）.
[59] 都筑卓司，はたして空間は曲がっているか，講談社ブルーバックス，1972.
[60] 恒岡美和，明解 相対性理論入門．正しい理解を求めて，聖文新社，2003.
[61] 中岡稔，双曲幾何学入門，サイエンス社，1993.
[62] 中島秀人，ニュートンに消された男．ロバート・フック，角川ソフィア文庫，2018（初版時書名，ロバート・フック．ニュートンに消された男，朝日選書，1996）.
[63] 中島秀人，ロバート・フック，朝倉書店，1997.
[64] 中野董夫，相対性理論，物理入門コース 新装版，岩波書店，2017（初版，1984）.
[65] 中村佳正，高崎金久，辻本諭，尾角正人，井ノ口順一，解析学百科 II．可積分系の数理，朝倉書店，2018.
[66] 難波誠，改訂新版 代数曲線の幾何学，現代数学社，2018（初版，1991）.
[67] I. ニュートン，自然哲学の数学的諸原理（河辺六男［訳］），世界の名著 26，ニュートン，中央公論社，1971.
[68] I. ニュートン，プリンシピア．自然哲学の数学的原理．第 I 編 物体の運動（中野猿人［訳］），講談社ブルーバックス，2019（元本，1977 年刊）.
[69] 野水克己，現代微分幾何入門，裳華房，1981.
[70] 野水克己・佐々木武，アファイン微分幾何学．アファインはめ込みの幾何，裳華房，1994.
[71] 平川浩正，相対論　復刊 第 2 版，共立出版，2011（第 2 版，1986）.
[72] 広重徹，相対論はどこから生まれたか，日本物理学会誌 **26** (1971), no. 6, 380–388.
[73] 藤子・F・不二雄（藤本弘），ドラえもん，100 年後のフロク，てんとう虫コミックス 10 巻，1976,（初出，小学 4 年生，1976 年 2 月号）.
[74] 藤子・F・不二雄（藤本弘），一千年後の再会，藤子・F・不二雄大全集 SF・異色短編 (3)，2012（初出，奇想天外，1976 年 4 月号）.
[75] 藤子・F・不二雄（藤本弘），ドラえもん，竜宮城の 8 日間，てんとう虫コミックス第 25 巻（初出，小学四年生，1980 年 8 月号，原題「浦島事件のなぞにちょう戦」）.
[76] 古畑仁，曲面．幾何学基礎講義，数学書房，2013.
[77] 松坂和夫，線型代数入門，岩波書店，1980.

[78] 松島与三，多様体入門（新装版），2017（初版，1965）.
[79] 松田博男，埴野–野水の定理の 1 注意，数学 **36** (1984), no. 2, 178–179. **OA**
[80] 松本幸夫，多様体の基礎，東京大学出版会，1988.
[81] 村上信吾，多様体 第 2 版，共立出版，1989（初版，1969）.
[82] 山田澄生，一般相対性理論に現れる極小曲面について，京都大学数理解析研究所講究録，**1880** (2014), 180–189. **OA**
[83] 山田澄生，相対論とリーマン幾何学，共立出版，刊行予定.
[84] 矢野健太郎，平面解析幾何学，裳華房，1969（POD 版: 2002）.
[85] 矢野健太郎，立体解析幾何学，裳華房，1970（POD 版: 2002）.
[86] 横田一郎，古典型単純リー群，現代数学社，1990. 復刊 2013.

洋書および欧文論文

[87] M. A. Akivis, V. V. Goldberg, On some methods of construction of invariant normalizations of lightlike hypersurfaces, Differential Geom. Appl. **12** (2000), no. 2, 121–143. (`arXiv:math/9902056v1[math.DG]`).
[88] K. Akutagawa, S. Nishikawa, The Gauss map and spacelike surfaces with prescribed mean curvature in Minkowski 3-space, Tohoku Math. J. (2) **42** (1990), no. 1, 67–82. **OA**
[89] J. A. Aledo, L. J. Alías, A. Romero, A new proof of Liebmann classical rigidity theorem for surfaces in space forms, Rocky Mountain J. Math. **35** (2005), no. 6, 1811–1824. **OA**
[90] H. A. Atwater, Apparent distortion of relativistically moving objects, J. Opt. Soc. Amer. **52** (1962), 184–187.
[91] M. Berger, Quelques formules des variation pour une structure riemannienne, Ann. sci. École Norm. Sup. 4e série **3** (1970), 285–294.
[92] A. L. Besse, *Einstein Manifolds*, Springer, Berlin, 1987.
[93] L. Bianchi, Sulle superficie a curvature nulla in geometrica ellittica, Ann. Mat. Pura Appl. **24** (1896), 93–129.
[94] G. S. Birman, G. Desideri, *Una Introducción la Geometría de Lorentz*, Not. Geom. Top. **2**, Inst. de Mat. (INMABB), Universidad Nacional del Sur, 2012. **OA**
[95] G. S. Birman, K. Nomizu, Trigonometry in Lorentzian geometry, Amer. Math. Monthly **91** (1984), no. 9, 543–549.
[96] M. L. Boas, Apparent shape of large objects at relativistic speeds, Amer. J. Phys. **29** (1961), 283–286.
[97] W. B. Bonnor, Null curves in a Minkowski space-time, Tensor N.S. **20** (1969),

229–242.

[98] W. M. Boothby, *An Introduction to Differentiable Manifolds and Riemannian Geometry*, 2nd Edition, Academic Press, Paper back, 2002.

[99] V. Borrelli, S. Jabrane, F. Lazarus, B. Thibert, Isometric embeddings of the square flat torus in ambient space, Ensaios Mat. **24** (2013), 1–91. **OA**

[100] D. Brander, M. Svensson, The geometric Cauchy problem for surfaces with Lorentzian harmonic Gauss maps, J. Differential Geom. **93** (2013), no. 1, 37–66. **OA**

[101] S. Brendle, Embedded minimal tori in S^3 and the Lawson conjecture, Acta Math. **211** (2013), no. 2, 177–190.

[102] H. R. Brown, The origins of length contraction. I. The FitzGerald-Lorentz deformation hypothesis, Amer. J. Phys. **69** (2001), no. 10, 1044–1054.

[103] M. Caballero, R. M. Rubio, A dual rigidity of the sphere and the hyperbolic plane, Adv. Geom. **18** (2018), no. 1, 37–40. **OA**

[104] E. Calabi, L. Markus, Relativistic space forms, Ann. Math. **75** (1962), 63–76.

[105] B. Carlsen, J. N. Clelland, The geometry of lightlike surfaces in Minkowski space, J. Geom. Phys. **74** (2013), 43–55. **OA**

[106] É. Cartan, *La Théorie des Groupes Finis et Continus et la Géométrie Différentielle traitées par la Méthode du Repère Mobile*, Cahiers Scientifiques, no. 18. (1937), Gauthier-Villars, Paris, 1937.

[107] S.-S. Chern, An elementary proof of the existence of isothermal parameters on surfaces, Proc. Amer. Math. Soc. **6** (1955), no. 6, 771–782. **OA**

[108] L. E. Christman, The projective approach to the Clifford surface, Amer. Math. Monthly **38** (1931), no. 10, 549–556.

[109] V. Cruceanu, P. Fortuny, P. M. Gadea, A survey on paracomplex geometry, Rocky Mountain J. Math. **26** (1996), 83–115. **OA**

[110] F. Dillen, W. Künel, Ruled Weingarten surfaces in Minkowski 3-space, Manuscripta Math. **98** (1999), 307–320.

[111] J. F. Dorfmeister, J. Inoguchi, S.-P. Kobayashi, A loop group method for affine harmonic maps into Lie groups, Adv. Math. **298** (2016), 207–253. (`arXiv:1405.0333v1[math.DG]`)

[112] J. Dorfmeister, J. Inoguchi, M. Toda, Weierstraß type representation of timelike surfaces with constant mean curvature, Contemp. Math. **308** (2002), 77–99. (`arXiv:math/0307273v1[math.DG]`)

[113] K. L. Duggal, A Report on canonical null curves and screen distributions for lightlike geometry, Acta Appl. Math. **95** (2007), 135–149.

[114] K. L. Duggal, A. Bejancu, *Lightlike Submanifolds of Semi-Riemannian Manifolds and Applications*, Kluwer Academic Publishes, 1996.

[115] K. L. Duggal, A. Giménez, Lightlike hypersurfaces of Lorentzian manifolds with distinguished screen, J. Geom. Phys. **55** (2005), no. 1, 107–122.

[116] K. L. Duggal, D. H. Jin, *Null Curves and Hypersurfaces of Semi-Riemannian Manifolds*, World Scientific Publishing, 2007.

[117] J. J. Dzan, Gauss-Bonnet formulas for general Lorentzian surfaces, Geom. Dedicata **15** (1984), 215–231.

[118] A. Ferrández, A. Giménez, P. Lucas, Geometry of lightlike submanifolds in Lorentzian space forms, *Proc. del Congreso Geometria de Lorentz. Benalmadena* 2001, Publ. RSME (2003).

[119] F. J. Flaherty, Surfaces d'onde dans l'espace de Lorentz-Minkowski, C. R. Acad. Sci. Paris Sér. A-B **284** (1977), no. 9, A521–A523.

[120] S. Fujimori, Spacelike CMC 1 surfaces with elliptic ends in de Sitter 3-space, Hokkaido Math. J. **35** (2006), no. 2, 289–320. **OA**

[121] A. Fujioka, J. Inoguchi, Spacelike surfaces with harmonic inverse mean curvature, J. Math. Sci. Univ. Tokyo **7** (2000), 657–698. **OA**

[122] A, Fujioka, J. Inoguchi, Timelike Bonnet surfaces in Lorentzian space forms Differential Geom. Appl. **18** (2003), no. 1, 103–111. **OA**

[123] A, Fujioka, J. Inoguchi, Timelike surfaces with harmonic inverse mean curvature, Surveys on Geometry and Integrable Systems, Advanced Studies in Pure Mathematics **51** (2008), 113–141. **OA**

[124] P. M. Gadea, J. M. Masqué, A-differentiability and A-analyticity, Proc. Amer. Math. Soc. **124** (1996), 1437–1443. **OA**

[125] L. K. Graves, Codimension one isometric immersions between Lorentz spaces, Trans. Amer. Math. Soc. **252** (1979), 367–392. **OA**

[126] C.-H. Gu, H.-S. Hu, J. Inoguchi, On time-like surfaces of positive constant Gaussian curvature and imaginary principal curvatures, J. Geom. Phys. **41** (2002), no. 4, 296-311.

[127] J. Hano, K. Nomizu, On isometric immersions of the hyperbolic plane into the Lorentz-Minkowski space and the Monge-Ampère equation of a certain type, Math. Ann. **262** (1983), no. 2, 245–253.

[128] G. Helzer, A relativistic version of the Gauss-Bonnet formula, J. Differential Geom. **9** (1974) 507–512. **OA**

[129] N. J. Hitchin, *Monopoles, minimal surfaces and algebraic curves*, Séminaire de Mathématiques Supérieures **105**, Presses de l'Université de Montréal, Mon-

treal, QC, 1987.

[130] N. J. Hitchin, Harmonic maps from a 2-torus to the 3-sphere, J. Differential Geom. **31** (1990), 627–710. **OA**

[131] A. Honda, Behavior of torsion functions of spacelike curves in Lorentz-Minkowski space, `arXiv:1905.03367v3 [math.DG]`

[132] K. Honda, Some lightlike submanifolds, SUT J. Math. 37 (2001), 69–78. **OA**

[133] K. Honda, Conformally flat semi-Riemannian manifolds with commuting curvature and Ricci operators, Tokyo J. Math. **26** (2003), no. 1, 241–260. **OA**

[134] K. Honda, J. Inoguchi, Deformation of Cartan framed null curves preserving the torsion, Differ. Geom. Dyn. Syst. **5** (2003), 31–37. **OA**

[135] K. Honda, K. Tsukada, Conformally flat semi-Riemannian manifolds with nilpotent Ricci operators and affine differential geometry, Ann. Global Anal. Geom. **25** (2004), no. 3, 253–275.

[136] K. Honda, K. Tsukada, Three-dimensional conformally flat homogeneous Lorentzian manifolds, J. Phys. A **40** (2007), no. 4, 831–851.

[137] K. Honda, K. Tsukada, Conformally flat homogeneous Lorentzian manifolds, in: *Recent Trends in Lorentzian Geometry*, Springer Proc. Math. Stat. **26** (2013), 295–314.

[138] W.-Y. Hsiang, H. B. Lawson Jr., Minimal submanifolds of low cohomogeneity, J. Differential Geom. **5** (1971), 1–38. **OA**

[139] Z. Hu, H. Song, On Otsuki tori and their Willmore energy, J. Math. Anal. Appl. **395** (2012) 465–472.

[140] J. Inoguchi, Timelike surfaces of constant mean curvature in Minkowski 3-space, Tokyo J. Math. **21** (1998), no. 1, 141–152. **OA**

[141] J. Inoguchi, Darboux transformations on timelike constant mean curvature surfaces **32** (1999), no. 1, 57–78.

[142] J. Inoguchi, Biharmonic curves in Minkowski 3-space part II, Internat. J. Math. Math. Sci. **2006** (2006), Article ID 92349, 4 pages. **OA**

[143] J. Inoguchi, S. Lee, Null curves in Minkowski 3-space, Int. Electron. J. Geom. **1** (2008) no. 2, 40–83. **OA**

[144] J. Inoguchi, S. W. Lee, Lightlike surfaces in Minkowski 3-space, Int. J. Geom. Methods Mod. Phys. **6** (2009), no. 2, 267–283.

[145] J. Inoguchi, M. Toda, Timelike minimal surfaces via loop groups, Acta Appl. Math. **83** (2004), no. 3, 313–355. (`arXiv:math/0409073v1 [math.DG]`)

[146] T. Ishihara, F. Hara, Surfaces of revolution in the Lorentzian 3-space, J. Math. Tokushima Univ. **22** (1988), 1–13 (徳島大学機関リポジトリで入手可).

[147] M. A. Karpukhin, Spectral properties of bipolar surfaces to Otsuki tori, J. Spectr. Theory **4** (2014), 87–111.

[148] Y. Kitagawa, Periodicity of the asymptotic curves on flat tori in S^3, J. Math. Soc. Japan **40** (1988) no. 3, 457–476. **OA**

[149] O. Kobayashi, Maximal surfaces in the 3-dimensional Minkowski space L^3, Tokyo J. Math. **6** (1983), no. 2, 297–309. **OA**

[150] O. Kobayashi, Maximal surfaces with conelike singularities, J. Math. Soc. Japan **36** (1984), no. 4, 609-617. **OA**

[151] S.-P. Kobayashi, T. Sasaki, General-affine invariants of plane curves and space curves, Czech. Math. J. **70** (2020), 67–104 (`arXiv:1902.10926v2 [math.DG]`).

[152] M. Kossowski, The intrinsic conformal structure and Gauss map of a light-like hypersurface in Minkowski space, Trans. Amer. Math. Soc. **316** (1989), 369–383. **OA**

[153] R. Kulkarni, An analogue of the Riemann mapping theorem for Lorentz metrics, Proc. Roy. Soc. London Ser. A **401** (1985), 117–130.

[154] D. N. Kupeli, *Singular semi-Riemannian Geometry*, Kluwer Academic Publishers, Dordrecht, 1996.

[155] H. B. Lawson Jr., Complete minimal surfaces in S^3, Ann. Math. (2) **92** (1970), 335–374.

[156] J. W. Lee, No null-helix Mannheim curves in the Minkowski space $\mathbb{E}^3_1$, Internat. J. Math. Math. Sci. **2011**, Article ID 580537, 7 pages. **OA**

[157] H. Liebmann, Eine neue Eigenschaft der Kugel, Nachrichten von der Gesellschaft der Wissenschaften zu Göttingen, Mathematisch-Physikalische Klasse **1899** (1899), 44–55. **OA**

[158] H. Liu, S. D. Jung, Null curves and representation in three dimensional Minkowski spacetime, New Horizons in Mathematical Physics **1** (2017), no. 1, 1–7. **OA**

[159] R. López, Timelike surfaces with constant mean curvature in Lorentz three-space, Tohoku Math. J. (2) **52** (2000), no. 4,515–532. **OA**

[160] R. López, Differential geometry of curves and surfaces in Lorentz-Minkowski space, Internat. Elect. J. Geom. **7** (2014), no. 1. 44–107. **OA**

[161] M. Maeda, T. Otsuki, Models of the Riemannian manifolds O^2_n in the Lorentzian 4-space, J. Differential Geom. **9** (1974), 97–108. **OA**

[162] F. C. Marques, A. Neves, Min-Max theory and the Willmore conjecture, Ann. Math. **179** (2014), 683–782.

[163] L. V. McNertney, *One-parameter families of surfaces with constant curvature in Lorentz 3-space*, Ph. D. thesis, Brown University (1980).

[164] T. K. Milnor, Harmonic maps and classical surface theory in Minkowski 3-space, Trans. Amer. Math. Soc. **280** (1983), 161–185. **OA**

[165] P. Mira, J. A. Pastor, Helicoidal maximal surfaces in Lorentz-Minkowski space, Monatsh. Math. **140** (2003), 315–34.

[166] E. Musso, L. Nicolodi, Hamiltonian flows on null curves, Nonlinearity **23** (2010), 2117–2129.

[167] Y. Muto, On Einstein metrics, J. Differential Geom. **9** (1974), 521–530. **OA**

[168] G. L. Naber, *The Geometry of Minkowski Spacetime. An Introduction to the Mathematics of the Special Theory of Relativity*, Applied Mathematical Sciences **92**, Springer-Verlag, 1992.

[169] T. Nagano, A problem on the existence of an Einstein metric, J. Math. Soc. Japan **19** (1967), no. 1, 30–31. **OA**

[170] B. Nolasco, R. Pacheco, Evolutes of plane curves and null curves in Minkowski 3-space, J. Geom. **108** (2017), 195–214.

[171] K. Nomizu, U. Pinkall, Lorentzian geometry for 2×2 real matrices, Linear and Multilinear Algebra **28** (1991), no. 4, 207–212.

[172] Z. Olszak, A note about the torsion of null curves in the 3-dimensional Minkowski spacetime and the Schwarzian derivative, Filomat **29** (2015), no. 3, 553–561. **OA**

[173] B. O'Neill, *Semi-Riemannian Geometry with Application to Relativity*, Pure and Applied Mathematics, 103, Academic Press, 1983.

[174] T. Otsuki, Minimal hypersurfaces in a Riemannian manifold of constant curvature, Amer. J. Math. **92** (1970), 145–173.

[175] T. Otsuki, On a differential equation related with differential geometry, Mem. Fac. Sci. Kyushu Univ. Ser. A **47** (1993), 245–281. **OA**

[176] H. B. Öztekin, M. Ergüt, Null Mannheim curves in the Minkowski 3-space $\mathbb{E}^3_1$, Turk. J. Math. **35** (2011), no. 1, 107–114. **OA**

[177] H. B. Öztekin, M. Ergüt, Erratum to: "Null Mannheim curves in the Minkowski 3-space $\mathbb{E}^3_1$" Turk. J. Math. **37** (2013), 551–552. **OA**

[178] H. Park, J. Inoguchi, K. Kajiwara, K. Maruno, N. Matsuura, Y. Ohta, Isoperimetric deformations of curves on the Minkowski plane, Int. J. Geom. Methods Mod. Phys. **16** (2019), no. 7, Article ID 1950100 (`arXiv:1807.07736v1[math.DG]`).

[179] R. Penrose, The apparent shape of a relativistically moving sphere, Math.

Proc. Cambridge Phil. Soc. **55** (1959), no. 1, 137–139.

[180] R. Penrose, Gravitational collapse and space-time singularities, Phys. Rev. Lett. **14** (1965), 57–59.

[181] R. K. Sachs, H. Wu, *General Relativity for Mathematicians*, Graduate Texts in Math. 48, Springer Verlag, 1977.

[182] A. V. Penskoi, Extremal spectral properties of Otsuki tori, Math. Nachr. **286** (2013), no. 4, 379–391.

[183] T. Sasai, The fundamental theorem of analytic space curves and apparent singularities of Fuchsian differential equations, Tohoku Math. J. (2) **36** (1984), no. 1, 17–24. **OA**

[184] T. Sasai, Geometry of analytic space curves with singularities and regular singularities of differential equations, Funkcialaj Ekvacioj **30** (1987), no. 2/3, 283–303. **OA**

[185] S. Sasaki, On complete surfaces with Gaussian curvature zero in 3-sphere, Colloq. Math. **26** (1972), 165–174. **OA**

[186] K. Shiohama, R. Takagi, A characterization of a standard torus in $\mathbf{E}^3$, J. Differential Geom. **4** (1970), 477–485. **OA**

[187] E. N. Shonoda, Classification of conics and Cassini curves in Minkowski space-time plane, J. Egyptian Math. Soc. **24** (2016), no. 2, 270–278. **OA**

[188] N. K. Smolentsev, Spaces of Riemannian metrics, J. Math. Sci. **142** (2007), no. 5, 2436–2519.

[189] M. Spivak, *A Comprehensive Introduction to Differential Geometry*, Vol. 4, Publish or Perish, Berkeley, 1977.

[190] K. Strubecker, *Differentialgeometrie* III, *Theorie der Flächenkrümmung*, Sammlung Gschen 1180, Walter de Gruyter & Co., 1959.

[191] J. Terrell, Invisibility of the Lorentz contraction, Phys. Rev. 116 (1959), 1041–1045.

[192] A. Tomimatsu, H. Sato, New exact solution for the gravitational field of a spinning mass, Phys. Rev. Lett. **29** (1972), 1344–1345.

[193] K. Ueno, Y. Nakamura, The hidden symmetry of chiral fields and the Riemann-Hilbert problem, Phys. Lett. **B117** (1982), no. 3-4, 208–212.

[194] K. Uhlenbeck, Harmonic maps into Lie groups (classical solutions of the chiral model), J. Differential Geom. **30** (1989), no. 1, 1–50. **OA**

[195] K. Uhlenbeck, On the connection between harmonic maps and the self-dual Yang-Mills and the sine-Gordon equations, J. Geom. Phys. **8** (1992), no. 1-4, 283–316.

[196] H. K. Urbantke, The Hopf fibration-seven times in physics, J. Geom. Phys. **46** (2003), 125–150.

[197] G. B. Segal, Loop groups and harmonic maps, in: *Advances in Homotopy Theory* (S. M. Salamon, B. F. Steer, W. A. Sutherland eds.), London Math. Soc. Lecture Note Series **139**, 1991, pp. 153–167.

[198] M. Vajiac, K. Uhlenbeck, Virasoro actions and harmonic maps (after Schwarz), J. Differential Geom. **80** (2008), no. 2, 327–341. **OA**

[199] I. Van de Woestyne, Minimal surfaces of the 3-dimensional Minkowski space, *Geometry and Topology of Submanifolds* II, (M. Boyom, J.-M. Morvan, L. Verstraelen), World Scientific Publ., 1990, pp. 344–369（KU Leuven のサイトから入手可）.

[200] L. Verstraelen, On angles and pseudo-angles in Minkowskian planes, Mathematics **6** (2018), no. 4, Article number 5. **OA**

[201] J. Walrave, *Curves and Surfaces in Minkowski Space*, Thesis, K. U. Leuven, 1995（KU Leuven のサイトから入手可）.

[202] D. Weiskopf, *Visualization of Four-Dimensional Spacetimes*, Dissertation, Eberhard Karls Universität Tübingen, 2001.

[203] T. J. Willmore, Mean curvature of Riemannian immersions, J. London Math. Soc. (2) **3** (1971), 307–310.

[204] T. Weinstein (Tilla Klotz Milnor), *An Introduction to Lorentz Surfaces*, de Gruyter Exposition in Math. **22**, Walter de Gruyter, Berlin, 1996.

[205] S. T. Yau, Survey on partial differential equations in differential geometry, *Seminar on Differential Geometry*, Ann. Math. Stud. **102** (1982), 3–71, Princeton Univ. Press, Princeton, N.J.

[206] S. T. Yau, Problem section, *Seminar on Differential Geometry*, Ann. Math. Stud. **102** (1982), 669–706, Princeton Univ. Press, Princeton, N.J.

索引

著者紹介：

井ノ口　順一（いのぐち・じゅんいち）

千葉県銚子市生まれ.

東京都立大学大学院理学研究科博士課程数学専攻単位取得退学.

福岡大学理学部，宇都宮大学教育学部，山形大学理学部を経て，

現在，筑波大学数理物質系教授．教育学修士（数学教育），博士（理学）

専門は可積分幾何・差分幾何．算数・数学教育の研究，数学の啓蒙活動も行っている.

著　書　『どこにでも居る幾何』（日本評論社），

『曲線とソリトン』（朝倉書店），

『はじめて学ぶリー群』，『はじめて学ぶリー環』，

『初学者のための偏微分』，『初学者のためのベクトル解析』（現代数学社）.

他.

ローレンツ－ミンコフスキーの幾何学 1

1＋1 次元の世界　**ミンコフスキー平面の幾何**

2021 年 12 月 21 日　初版第 1 刷発行

著　者　　井ノ口順一

発行者　　富田　淳

発行所　　株式会社　現代数学社

〒606-8425 京都市左京区鹿ヶ谷西寺ノ前町 1

TEL 075（751）0727　FAX 075（744）0906

https://www.gensu.co.jp/

装　幀　　中西真一（株式会社 CANVAS）

印刷・製本　　亜細亜印刷株式会社

ISBN 978-4-7687-0572-8　　2021 Printed in Japan